Übungsbuch zur Darstellungstheorie der endlichen Gruppen

Nikita Geldhauser · Carina Geldhauser

Übungsbuch zur Darstellungstheorie der endlichen Gruppen

Nikita Geldhauser
Mathematisches Institut
Ludwig-Maximilians-Universität München
München, Bayern, Deutschland

Carina Geldhauser
Department of Mathematics
ETH Zürich
Zürich, Schweiz

ISBN 978-3-662-70505-6   ISBN 978-3-662-70506-3   (eBook)
https://doi.org/10.1007/978-3-662-70506-3

Die Deutsche Nationalbibliothek verzeichnet diese Publikation in der Deutschen Nationalbibliografie; detaillierte bibliografische Daten sind im Internet über https://portal.dnb.de abrufbar.

© Der/die Herausgeber bzw. der/die Autor(en), exklusiv lizenziert an Springer-Verlag GmbH, DE, ein Teil von Springer Nature 2025

Das Werk einschließlich aller seiner Teile ist urheberrechtlich geschützt. Jede Verwertung, die nicht ausdrücklich vom Urheberrechtsgesetz zugelassen ist, bedarf der vorherigen Zustimmung des Verlags. Das gilt insbesondere für Vervielfältigungen, Bearbeitungen, Übersetzungen, Mikroverfilmungen und die Einspeicherung und Verarbeitung in elektronischen Systemen.
Die Wiedergabe von allgemein beschreibenden Bezeichnungen, Marken, Unternehmensnamen etc. in diesem Werk bedeutet nicht, dass diese frei durch jede Person benutzt werden dürfen. Die Berechtigung zur Benutzung unterliegt, auch ohne gesonderten Hinweis hierzu, den Regeln des Markenrechts. Die Rechte des/der jeweiligen Zeicheninhaber*in sind zu beachten.
Der Verlag, die Autor*innen und die Herausgeber*innen gehen davon aus, dass die Angaben und Informationen in diesem Werk zum Zeitpunkt der Veröffentlichung vollständig und korrekt sind. Weder der Verlag noch die Autor*innen oder die Herausgeber*innen übernehmen, ausdrücklich oder implizit, Gewähr für den Inhalt des Werkes, etwaige Fehler oder Äußerungen. Der Verlag bleibt im Hinblick auf geografische Zuordnungen und Gebietsbezeichnungen in veröffentlichten Karten und Institutionsadressen neutral.

Planung/Lektorat: Iris Ruhmann
Springer Spektrum ist ein Imprint der eingetragenen Gesellschaft Springer-Verlag GmbH, DE und ist ein Teil von Springer Nature.
Die Anschrift der Gesellschaft ist: Heidelberger Platz 3, 14197 Berlin, Germany

Wenn Sie dieses Produkt entsorgen, geben Sie das Papier bitte zum Recycling.

Non est nobilior possessio quam veritatis[1].
Philipp Melanchthon, 1545

---

[1]Es gibt keinen edleren Besitz als die Wahrheit.

Vorwort

Das Ziel dieses Buches ist es, die Grundlagen der Darstellungstheorie endlicher Gruppen anhand von Beispielaufgaben zu vermitteln.

Als Komplement zu einer Vorlesung oder dem Lesen eines Buchs im Selbststudium kann so theoretisches Wissen vertieft und die Schönheit und Schlagkraft der gelesenen Theoreme erkannt werden.

Dieses Buch ist keine einfache Sammlung von Übungsaufgaben – der Fokus liegt auf Klasse statt Masse: Zu jedem einführenden Thema der Darstellungstheorie bieten wir ausgewählt schöne und lehrreiche Aufgaben, deren Lösungen im hinteren Teil des Buches präsentiert werden. Zu den Besonderheiten dieses Buches gehören Sudoku-artige Aufgaben, und zusätzliche Kommentare in den Lösungen, die Zusammenhänge aufdecken und das theoretische Wissen vertiefen.

Zielgruppe

Dieses Buch richtet sich sowohl an interessierte Studierende wie auch an Dozenten und komplementiert die einführenden Kapitel der großen Werke von Huppert, Isaacs, Serre und anderen. Interessierten Studierenden bietet dieses Buch die Möglichkeit, ihr Selbststudium in Etappen aufzuteilen und somit schnell und zielgerichtet voranzukommen. Dozenten finden in diesem Buch einige interessante Aufgaben und Inspirationen für ihre eigenen Vorlesungen.

Vorwissen

Bei der Darstellungstheorie endlicher Gruppen handelt es sich um eine weiterführende Vorlesung. Wir behandeln hier die grundlegenden Themen der gewöhnlichen komplexen Darstellungen, nicht die fortgeschrittenen Themen oder die modulare Darstellungstheorie.

Voraussetzungen sind solide Kenntnisse aus den Vorlesungen Lineare Algebra (insbesondere Eigenwerte, Tensorprodukt) und Algebra (Grundlagen der Gruppentheorie und etwas Galois-Theorie). Manche der Bemerkungen im Buch werden Bezüge zur Lie-Theorie aufzeigen, für die Kernaussagen des Buches ist diese Vorlesung aber nicht zwingend notwendig. Einen Überblick über die vorausgesetzten Begriffe kann der Leser sich anhand der Liste der verwendeten Symbole verschaffen.

Aufbau eines Kapitels

Wir beginnen jedes Kapitel mit einer sehr knappen Zusammenfassung der benötigten Theorie, anhand von einzelnen, heruntergebrochenen Sätzen, Fakten und kurzen Kommentaren. Die Zusammenfassung ersetzt aber nicht das vorherige Studium der Theorie, unser Schwerpunkt liegt auf den Übungsaufgaben: Wir skizzieren die wichtigsten Fakten, die zum Lösen der Aufgaben erforderlich sind, aber der Stoff wird weder vollständig noch mit Beweisen wiederholt. Für das schnelle Nachschlagen findet sich in jedem Kapitel ein Hinweis auf eines oder mehrere Standardwerke.

Nach der kurzen Zusammenfassung folgen die Übungsaufgaben. Einige Aufgaben, die uns sehr gut gefallen haben, haben wir dem Werk von Isaacs entnommen, es findet sich dann jeweils der entsprechende Verweis. Die Aufgaben im Kap. 31, sowie viele Sudoku-artigen Aufgaben, gehen auf Nikolai Vavilov zurück.

Die Lösungen zu den Übungsaufgaben finden sich im letzten Teil des Buches.

Danksagung

Wir widmen dieses Buch Professor Nikolai Vavilov (1952–2023), einer Persönlichkeit großen Wissens und breiter kultureller Bildung, nicht nur in der Mathematik, sondern auch in den Sprachwissenschaften und in alter Literatur. Unsere vielfältige Diskussionen mit ihm zu allen möglichen Themen und seine lehr- und ideenreichen Vorlesungen haben einen großen Einfluss auf uns persönlich und auf dieses Buch insbesondere hinterlassen.

München Nikita Geldhauser
den 30. August 2024 Carina Geldhauser

Inhaltsverzeichnis

Teil 1 Übungsaufgaben

1	Gruppenwirkung auf endlichen Mengen. Klassengleichung	3
2	Symmetrische und alternierende Gruppen	7
3	Grundlagen der Darstellungstheorie.........................	9
4	Charaktere von Darstellungen. Orthogonalitätsrelationen. Charaktertafeln..	15
5	Darstellungen von abelschen Gruppen........................	25
6	Das Zentrum und die Kommutatoruntergruppe.................	27
7	Tensorprodukte von Darstellungen...........................	29
8	Induzierte Charaktere. Frobenius-Reziprozität	31
9	Clifford-Theorie	37
10	Satz von Burnside. Charaktere und ganzalgebraische Zahlen......	39
11	Elemente der Galois-Theorie................................	43
12	Konstruktion von Charaktertafeln	45
13	Gruppen der Ordnung 48	49
14	Permutationsdarstellungen	53
15	Reelle Darstellungen.......................................	55
16	Nicht-kommutative diskrete Fourier-Transformation.............	57
17	Frobeniusgruppen...	63
18	McKay Korrespondenz.....................................	65

Teil 2 Lösungen

19	Gruppenwirkung auf endlichen Mengen. Klassengleichung	77
20	Symmetrische und alternierende Gruppen	81
21	Grundlagen der Darstellungstheorie	85
22	Charaktere von Darstellungen. Orthogonalitätsrelationen. Charaktertafeln	93
23	Darstellungen von abelschen Gruppen	99
24	Das Zentrum und die Kommutatoruntergruppe	103
25	Tensorprodukte von Darstellungen	107
26	Induzierte Charaktere. Frobenius-Reziprozität	111
27	Clifford-Theorie	117
28	Satz von Burnside. Charaktere und ganzalgebraische Zahlen	121
29	Elemente der Galois-Theorie	129
30	Konstruktion von Charaktertafeln	135
31	Gruppen der Ordnung 48	149
32	Permutationsdarstellungen	161
33	Reelle Darstellungen	165
34	Nicht-kommutative diskrete Fourier-Transformation	167
35	Frobeniusgruppen	173

Literatur 177
Stichwortverzeichnis 179

Liste der Symbole

$\mathbb{N}_0$	natürliche Zahlen mit 0
$\mathbb{F}_q$	endlicher Körper mit q Elementen
char K	Charakteristik des Körpers K
R^*	invertierbare Elemente des Ringes R
id	identische Abbildung
$|X|$	Mächtigkeit der Menge X
$H \leq G$	Untergruppe
$H \trianglelefteq G$	Normalteiler
$|G : H|$	Index der Untergruppe H in G
G/H	Menge der Linksnebenklassen (H ist nicht immer ein Normalteiler von G)
$N \rtimes H$	semidirektes Produkt
$[G, G]$	Kommutatoruntergruppe von G
$Z(G)$	Zentrum der Gruppe G
$Z_G(H)$	Zentralisator von H in G
$N_G(H)$	Normalisator von H in G
Ker	Kern eines Homomorphismus
Im	Bild einer Abbildung oder Imaginärteil einer komplexen Zahl
Tr	Spur einer Matrix oder eines Endomorphismus
det	Determinante einer Matrix oder eines Endomorphismus
Cent(R)	Zentrum des Ringes R
Aut	Automorphismengruppe
End	Endomorphismenring
$\text{Hom}_K(U, V)$	K-Vektorraum aller K-linearen Abbildungen aus dem K-Vektorraum U in den K-Vektorraum V
V^*	dualer Vektorraum
$\Lambda^k(V)$	k-te äußere Potenz des Vektorraums V
$\text{Sym}^k(V)$	k-te symmetrische Potenz des Vektorraums V
A^T	zu A transponierte Matrix
$\langle Erz \mid Rel \rangle$	Präsentation einer Gruppe durch Erzeuger und Relationen
C_n	zyklische Gruppe der Ordnung n (multiplikative Schreibweise)

$\mathbb{Z}/\langle n\rangle$	zyklische Gruppe der Ordnung n (additive Schreibweise)
D_n	Diedergruppe der Ordnung $2n$ (Symmetrien eines regelmäßigen n-Ecks)
$\mathbb{H}$	Hamiltonsche Quaternionenalgebra
Q_8	Quaternionengruppe der Ordnung 8 bestehend aus $\{\pm 1, \pm i, \pm j, \pm k\}$
$\text{Sym}(X)$	Gruppe aller Bijektionen der Menge X
S_n	Symmetrische Gruppe
A_n	Alternierende Gruppe
$\text{GL}_n(K)$	Gruppe aller invertierbaren $n \times n$-Matrizen über dem Körper K
$\text{SL}_n(K)$	Gruppe aller $n \times n$-Matrizen über dem Körper K mit Determinante 1
$\text{PGL}_n(K)$	projektive Gruppe $\text{GL}_n(K)/Z(\text{GL}_n(K))$
$\text{PSL}_n(K)$	projektive Gruppe $\text{SL}_n(K)/Z(\text{SL}_n(K))$
$O(n)$	reelle kompakte orthogonale Gruppe aller Matrizen $A \in \text{GL}_n(\mathbb{R})$ mit $AA^T = E$
$SO(n)$	Untergruppe von $O(n)$ aller Matrizen mit Determinante 1

Wenn der Körper $K = \mathbb{F}_q$ ein endlicher Körper mit q Elementen ist, schreiben wir $\text{GL}_2(q)$, $\text{SL}_2(q)$ etc. statt $\text{GL}_2(\mathbb{F}_q)$, $\text{SL}_2(\mathbb{F}_q)$ etc.

Für die kleinste nicht abelsche Gruppe gilt:

$$\text{SL}_2(2) \simeq \text{PSL}_2(2) \simeq \text{PGL}_2(2) \simeq \text{GL}_2(2) \simeq S_3 \simeq D_3.$$

Teil 1
Übungsaufgaben

Kapitel 1
Gruppenwirkung auf endlichen Mengen. Klassengleichung

In diesem ersten Kapitel behandeln wir ein Thema, welches auf den ersten Blick zu einer anderen Vorlesung gehört. Allerdings gibt es starke Analogien zwischen der Gruppenwirkung auf endlichen Mengen und linearen Darstellungen. Es ist deswegen nützlich, sich eingehender mit Gruppenwirkungen auf endlichen Mengen zu beschäftigen, um später, wenn wir Bezug auf die Resultate nehmen werden, ein besseres Verständnis der linearen Darstellungen aufzubauen.

In diesem Kapitel bezeichnet G stets eine endliche Gruppe und X eine endliche Menge.

Definition 1 Eine Linkswirkung der Gruppe G auf der Menge X ist eine Abbildung

$$G \times X \to X$$

$$(g, x) \mapsto gx$$

mit zwei Eigenschaften: $1x = x$ für alle $x \in X$ und $g(hx) = (gh)x$ für alle $x \in X$ und $g, h \in G$. Dabei haben wir das neutrale Element von G mit 1 bezeichnet.

Beispiele

1) Sei $H \leq G$ eine beliebige Untergruppe von G. Dann wirkt G auf der Menge der Linksnebenklassen $X := G/H$ durch Linksmultiplikation, d.h.

$$G \times G/H \to G/H$$
$$(g, fH) \mapsto gfH$$

2) Die Gruppe G wirkt auf $X := G$ durch Konjugation, d.h.

$$G \times G \to G$$

$$(g, h) \mapsto ghg^{-1}$$

Wir bezeichnen mit $\mathrm{Sym}(X)$ die symmetrische Gruppe der Menge X, d. h. die Gruppe aller bijektiven Abbildungen von X in sich selbst. Die Gruppe $\mathrm{Sym}(X)$ ist isomorph zur symmetrischen Gruppe S_m, wobei m die Mächtigkeit von X bezeichnet.

Eine Gruppenwirkung von G auf X induziert einen Gruppenhomomorphismus

$$G \to \mathrm{Sym}(X)$$
$$g \mapsto \begin{pmatrix} X \to X \\ x \mapsto gx \end{pmatrix}$$

Definition 2 Sei $x \in X$. Die *Bahn* oder der *Orbit* des Elements x ist die Teilmenge $Gx \subset X$.

Der *Stabilisator* $\mathrm{Stab}_G(x)$ des Elements x ist die Untergruppe

$$\mathrm{Stab}_G(x) = \{g \in G \mid gx = x\}$$

der Gruppe G.

Einen Zusammenhang zwischen den Bahnen und den Stabilisatoren liefert die *Bahnformel* ([La, I, §5, Proposition 5.1]): es gilt

$$|Gx| = \frac{|G|}{|\mathrm{Stab}_G(x)|}$$

für alle $x \in X$.

Aus der Bahnformel angewandt auf die Wirkung von G auf sich selbst durch Konjugation (Beispiel 2 oben) folgt die *Klassengleichung* ([La, I, §5, Seite 29]): Seien $f_1, \ldots, f_h$ Repräsentanten der Konjugationsklassen von G. Dann

$$|G| = \sum_{i=1}^{h} \frac{|G|}{|Z_G(f_i)|},$$

wobei $Z_G(f_i)$ den Zentralisator des Elements f_i in der Gruppe G bezeichnet.

Schließlich präsentieren wir noch eine nützliche Formel für Wirkungen der p-Gruppen.

Definition 3 Sei p eine Primzahl. Eine endliche Gruppe G ist eine p-Gruppe, wenn $|G| = p^n$ für ein $n \in \mathbb{N}_0$.

Sei G eine p-Gruppe, die auf einer endlichen Menge X wirkt. Dann gilt

$$|X| = |X^G| \mod p, \qquad (1.1)$$

1 Gruppenwirkung auf endlichen Mengen. Klassengleichung

wobei wir mit $X^G = \{x \in X \mid gx = x \text{ für alle } g \in G\}$ die Menge der Fixpunkte von G bezeichnet haben ([La, I, §6, Lemma 6.3a]).

Aufgaben

Aufgabe 1 Seien G eine endliche Gruppe, $H \leq G$ eine Untergruppe und p eine Primzahl. Angenommen, H ist eine p-Gruppe und $p \mid |G : H|$.

Zeige: $N_G(H) \neq H$, wobei $N_G(H)$ den Normalisator von H in G bezeichnet.

Hinweis: Betrachte die Wirkung von H auf der Menge der Linksnebenklassen G/H durch Linksmultiplikation.

Aufgabe 2 Seien G eine endliche Gruppe mit neutralem Element e und p eine Primzahl mit $p \mid |G|$.

Zeige: Die Anzahl der Lösungen der Gleichung $x^p = e$ ist durch p teilbar.

Hinweis: Sei $X = \{(g_1, \ldots, g_p) \in G \times \ldots \times G \mid g_1 g_2 \cdots g_p = e\}$. Die zyklische Gruppe $C_p = \langle z \rangle$ der Ordnung p wirkt auf X durch

$$z(g_1, \ldots, g_p) := (g_p, g_1, \ldots, g_{p-1}).$$

Aufgabe 3 Seien G eine endliche Gruppe, p eine Primzahl mit $p \mid |G|$ und m die Anzahl aller Untergruppen von G mit p Elementen.

Zeige: $m \equiv 1 \mod p$.

Hinweis: Benutze Aufgabe 2.

Aufgabe 4 (Landau) Sei $h \in \mathbb{N}$.

Zeige: Es gibt endlich viele Gruppen G, die endlich sind und genau h Konjugationsklassen haben.

Hinweis: Benutze die Klassengleichung.

Kapitel 2
Symmetrische und alternierende Gruppen

Die Struktur der Konjugationsklassen endlicher Gruppen spielt eine wichtige Rolle bei der Bestimmung ihrer Darstellungen, was wir in den kommenden Kapiteln auch oft sehen werden. Als Vorbereitung auf zukünftige Kapitel beschäftigen wir uns deswegen mit der Struktur der Konjugationsklassen alternierender Gruppen A_n. Die Struktur der Konjugationsklassen der symmetrischen Gruppen S_n setzen wir dabei als bekannt voraus.

Aufgaben

Aufgabe 5 Sei $\sigma \in A_n$ und betrachte die Konjugationsklasse

$$\{x\sigma x^{-1}, x \in A_n\}$$

von σ in A_n. Offensichtlich ist die Konjugationsklasse von σ in A_n eine Teilmenge der Konjugationsklasse von σ in S_n. Es gibt zwei Möglichkeiten: Entweder ist $\{x\sigma x^{-1}, x \in S_n\} = \{x\sigma x^{-1}, x \in A_n\}$ oder die Konjugationsklasse von σ in S_n zerfällt in genau zwei Konjugationsklassen in A_n.

Bekanntermaßen sind zwei Elemente der symmetrischen Gruppe genau dann zueinander konjugiert, wenn sie in der Darstellung als Produkt disjunkter Zyklen denselben Zyklentyp haben.

a) Zeige: Die Konjugationsklasse von σ in S_n zerfällt genau dann in zwei Konjugationsklassen in A_n, wenn kein Element $\tau \in S_n \setminus A_n$ mit $\tau\sigma = \sigma\tau$ existiert.

b) Zeige:
i) Die Konjugationsklasse von σ in S_n zerfällt in zwei Konjugationsklassen in A_n genau dann, wenn in der Zyklenzerlegung von σ alle Zyklen paarweise verschiedene ungerade Länge haben.

ii) Die Konjugationsklassen von σ in A_n und S_n sind genau dann gleich, wenn σ in seiner Zyklenzerlegung einen Zyklus gerader Länge oder zwei Zyklen gleicher ungeraden Länge enthält.

Hinweis zu b): Eine Permutation der Form $(a_1 b_1) \ldots (a_l b_l)$ kommutiert mit der Permutation $(a_1 \ldots a_l)(b_1 \ldots b_l)$. Es gilt ferner für eine Permutation $\tau \in S_n$ und einen Zyklus $(c_1 \ldots c_d) \in S_n$:

$$\tau(c_1 \ldots c_d)\tau^{-1} = (\tau(c_1) \ldots \tau(c_d)).$$

Aufgabe 6 Finde einen Repräsentanten in jeder Konjugationsklasse der Gruppen S_4, A_4, S_5 und A_5.

Kapitel 3
Grundlagen der Darstellungstheorie

In diesem Kapitel definieren wir den Begriff der linearen Darstellung einer Gruppe durch drei äquivalente Definitionen. Dann führen wir weitere grundlegende Begriffe und Eigenschaften ein. Zum Aneignen dieses Stoffes kann jedes Lehrbuch herangezogen werden, wir halten uns hier hauptsächlich an das erste Kapitel von Isaacs.

Wir beginnen nun mit der Definition einer linearen Darstellung: Seien G eine Gruppe, K ein Körper und V ein Vektorraum über K. Eine Abbildung

$$G \times V \to V$$
$$(g, v) \mapsto gv$$

heißt eine Darstellung von G, wenn folgende Eigenschaften gelten: $1v = v$, $g(hv) = (gh)v$ (cf. Definition 1 im Kap. 1) und zusätzlich

$$g(u + v) = gu + gv \text{ und } g(\lambda v) = \lambda gv \text{ (Linearität)} \qquad (3.1)$$

für alle $g, h \in G, \lambda \in K$ und alle $u, v \in V$. Dabei bezeichnen wir mit 1 das neutrale Element von G. Der Grad oder die Dimension der Darstellung ist definitionsgemäß die Dimension dim V.

Äquivalent dazu ist eine Darstellung von G auf dem Vektorraum V ein Gruppenhomomorphismus $\rho \colon G \to \mathrm{GL}(V)$, wobei $\rho(g)(v) = gv$ ist. Dies steht in einer direkten Analogie mit dem Homomorphismus $G \to \mathrm{Sym}(X)$ aus dem Kap. 1.

Bemerkung In der Regel ist der Homomorphismus ρ aus dem Kontext gut erkennbar. Deswegen sagen wir einfach oft, dass V eine Darstellung von G ist.

Eine dritte äquivalente Definition geht auf Emmy Noether[1] zurück. Die Formeln (3.1) ähneln den Axiomen eines Moduls über einem Ring. Eine Gruppenalgebra $K[G]$ besteht aus endlichen formalen Summen $\sum_{g \in G} \alpha_g g$ mit $\alpha_g \in K$. Die Addition in $K[G]$ ist komponentenweise und die Multiplikation ist gegeben durch

$$\left(\sum_{g \in G} \alpha_g g\right)\left(\sum_{h \in G} \beta_h h\right) = \sum_{g,h \in G} \alpha_g \beta_h gh, \qquad \alpha_g, \beta_h \in K. \tag{3.2}$$

Zusammen mit der natürlichen Inklusion $K \cdot 1 \subset K[G]$ definieren die obigen Formeln die Struktur einer K-Algebra auf $K[G]$. Insbesondere ist $K[G]$ ein K-Vektorraum mit Basis G.

In dieser Sprache ist eine Darstellung von G nichts anderes als ein Linksmodul V über der K-Algebra $K[G]$. Weitere Begriffe wie Äquivalenz von Darstellungen (Isomorphismus von $K[G]$-Moduln), Unterdarstellungen (Untermoduln), lineare G-äquivariante Abbildungen (Homomorphismen von $K[G]$-Moduln), direkte Summe von Darstellungen etc. lassen sich in der Sprache von Emmy Noether auf klare Weise definieren.

Die Äquivalenz obiger Definitionen ist im Buch von Isaacs [Isa] im Abschnitt nach Definition 2.1 erklärt.

Definition 4 Die reguläre Darstellung der Gruppe G über dem Körper K ist der $K[G]$-Modul $K[G]$.

Wir können diese Darstellung auch wie folgt auffassen. Der Einfachheit halber setzen wir voraus, dass die Gruppe G endlich ist. Den Modul $K[G]$ können wir mit dem K-Vektorraum der Funktionen

$$K[G] = \{\varphi \colon G \to K\}$$

---

[1] **Emmy Noether** (23. März 1882, Erlangen, Deutsches Kaiserreich – 14. April 1935, Bryn Mawr (Pennsylvania), USA) eine geniale Mathematikerin, eine der Gründer der modernen Algebra, die eine enorme Wirkung auf die Mathematik des XX. Jahrhunderts gebracht hat. Ihr Hauptbeitrag zur Algebra war eine Systematisierung der algebraischen Begriffe, die langfristig die Sprache der Algebra verändert hat. Zu ihren konkreten mathematischen Entdeckungen können wir den Satz von Skolem–Noether, den Satz von Lasker–Noether, den Noetherschen Isomorphiesatz und viele weitere erwähnen. Zu ihren Schülern und Kollegen zählen Emil Artin, Helmut Hasse, Ernst Witt, Wolfgang Krull, Bartel van der Waerden und andrere bedeutende Mathematiker, die die Mathematik des XX. Jahrhunderts geprägt haben. Da sie wissenschaftlich sehr erfolgreich gewesen war, dazu noch eine Frau und eine Jüdin, war ihre Popularität unter manchen Kollegen nicht sehr hoch. Trotz kräftiges Widerstands mancher Kollegen an ihrer Heimatuniversität Göttingen gelang es Emmy Noether, sich als erste Frau an einer deutschen Universität zu habilitieren. Dies tat sie allerdings erst im Jahr 1919, nachdem eine liberale Gesetzesänderung in der Weimarer Republik in Kraft getreten war. So konnte Frau Noether Vorlesungen unter ihrem eigenen Namen halten, allerdings ohne Bezahlung! Ihr erstes Gehalt für die Vorlesungen (einen befristeten gering bezahlten Lehrauftrag) hat sie erst im Jahr 1923 im Alter von 41 Jahren von der Universität Göttingen erhalten. Im Jahr 1933 wurde Emmy Noether beurlaubt (übersetzt: gekündigt). Im Gegensatz zu mehreren ihren Kollegen hatte sie die Lage in Deutschland richtig eingeschätzt, sie verließ Deutschland sofort und emigrierte in die USA. Allerdings wurde ihr, trotz ihrer Genialität, in den USA keine Professur angeboten. Sie nahm somit eine Stelle an einem College für Frauen in Bryn Mawr an, welches dank ihr berühmt wurde. Emmy Noether starb zwei Jahre später nach einer Krankheit.

3 Grundlagen der Darstellungstheorie

identifizieren. Dabei entspricht eine Funktion φ dem Element

$$\sum_{g \in G} \varphi(g) g \in K[G].$$

Die Gruppe G wirkt auf diesem Vektorraum vermöge

$$(g\varphi)(x) := \varphi(g^{-1}x)$$

für alle $g, x \in G$. Diese Wirkung entspricht der regulären Darstellung.

Definition 5 Eine triviale Darstellung ρ einer Gruppe G auf einem Vektorraum V ist definiert als $\rho(g) = \mathrm{id}_V$ für alle $g \in G$.

Definition 6 Sei $\rho\colon G \to \mathrm{GL}(V)$ eine Darstellung einer Gruppe G. Die duale Darstellung ρ^* von G ist auf dem dualen Vektorraum

$$V^* = \mathrm{Hom}_K(V, K)$$

wie folgt definiert:

$$\rho^*\colon G \to \mathrm{GL}(V^*)$$
$$g \mapsto \rho(g^{-1})^*\colon V^* \to V^*$$

wobei $\rho(g^{-1})^*$ die zu $\rho(g^{-1})$ duale Abbildung bezeichnet (d.h.

$$\rho(g^{-1})^*(\varphi) = \varphi \circ \rho(g^{-1})$$

für alle $\varphi \in V^*$).

Definition 7 Eine Darstellung $V \neq 0$ der Gruppe G heißt irreduzibel, wenn sie keine Unterdarstellungen außer 0 und V enthält.

Eine Darstellung $V \neq 0$ der Gruppe G heißt unzerlegbar, wenn sie sich nicht auf eine nicht triviale Weise als direkte Summe von zwei anderen Darstellungen schreiben lässt.

Es ist klar, dass eine irreduzible Darstellung stets unzerlegbar ist.

Ab sofort setzen wir voraus, dass unsere Gruppe G endlich ist. Wir erwähnen nun folgende drei klassischen Aussagen in der Darstellungstheorie der endlichen Gruppen.

Satz 1 (Maschke, [Isa, Theorem 1.9]). Sei K ein Körper mit $\mathrm{char}\, K \nmid |G|$ (z.B. $\mathrm{char}\, K = 0$). Dann ist jede endlich-dimensionale Darstellung von G über K eine direkte Summe von irreduziblen Darstellungen. Insbesondere ist jede unzerlegbare endlich-dimensionale Darstellung von G über K irreduzibel.

Satz 2 (Lemma von Schur, [Isa, Lemma 1.5]). Jede lineare G-äquivariante Abbildung zwischen zwei irreduziblen Darstellungen einer endlichen Gruppe G ist entweder die 0-Abbildung oder ein Isomorphismus.

Ist der Körper K algebraisch abgeschlossen, so erhalten wir noch folgende Version des Lemmas von Schur.

Satz 3 ([Isa, Korollar 1.6]). Sei K ein algebraisch abgeschlossener Körper. Dann ist jeder G-äquivarianter Endomorphismus φ einer irreduziblen Darstellung U der Gruppe G eine Skalierung, d. h. $\varphi = \lambda \cdot \mathrm{id}_U$ für ein Skalar $\lambda \in K$.

Satz 4 (Krull–Remak–Schmidt: Eindeutigkeit der Zerlegungen in eine direkte Summe, [Ser1, Bemerkung nach Korollar 1, §2.3]). Seien K ein Körper und V eine Darstellung von G über K. Seien

$$V = \bigoplus_{i=1}^{k} V_i = \bigoplus_{j=1}^{m} W_j$$

zwei Zerlegungen von V in direkte Summen von irreduziblen Darstellungen von G.

Dann gilt $k = m$ und es gibt eine Permutation $\pi \in S_k$ mit Isomorphismen von Darstellungen $V_i \simeq W_{\pi(i)}$ für alle $i = 1, \ldots, k$.

Aufgaben

Aufgabe 7 Seien K ein Körper und $G \neq 1$ eine endliche Gruppe.
Zeige: Die Gruppenalgebra $K[G]$ ist keine Divisionsalgebra.

Aufgabe 8 Seien K ein Körper und $n \in \mathbb{N}$ eine natürliche Zahl.

a) Zeige für $G = \mathbb{Z}/\langle n \rangle$: Die K-Algebren $K[G]$ und $K[x]/(x^n - 1)$ sind isomorph.
b) Beschreibe analog die Gruppenalgebren $K[\mathbb{Z}]$, $K[\mathbb{Z}^n]$ und $K[F_n]$, wobei F_n eine freie Gruppe vom Rang n bezeichnet.

Aufgabe 9 Seien G eine Gruppe, $H \trianglelefteq G$ ein Normalteiler von G und $\pi \colon G \to G/H$ die kanonische Projektion. Seien ferner K ein Körper und $\rho \colon G/H \to \mathrm{GL}(V)$ eine Darstellung von G/H auf einem K-Vektorraum V.
Zeige: Die Darstellung ρ von G/H ist genau dann irreduzibel, wenn die Darstellung $\rho \circ \pi$ von G irreduzibel ist.

Aufgabe 10 Seien G eine endliche Gruppe und V ein $\mathbb{C}$-Vektorraum mit $\dim V = |G|$. Sei ferner $\rho \colon G \to \mathrm{GL}(V)$ eine Darstellung von G. Weiterhin existiere ein Vektor $v \in V$, sodass die Vektoren

$$\{\rho(g)v, \; g \in G\}$$

eine Basis von V bilden.
Zeige: Die Darstellung ρ ist isomorph zur regulären Darstellung von G.

3 Grundlagen der Darstellungstheorie   13

Aufgabe 11 Seien G eine endliche Gruppe und V eine endlich-dimensionale Darstellung von G.
Zeige: V ist genau dann irreduzibel, wenn die duale Darstellung V^* irreduzibel ist.

Hinweis: Beginne mit der Implikation „$\Leftarrow$".

Aufgabe 12 Seien K ein Körper und G eine endliche Gruppe.
Beweise oder widerlege: Jede irreduzible Darstellung von G über K ist endlich-dimensional.

Aufgabe 13 Seien p eine Primzahl, K ein algebraisch abgeschlossener Körper mit char $K \neq p$ und $G \neq 1$ eine p-Gruppe.
Zeige: Die Gruppe G besitzt eine nicht triviale Darstellung über K vom Grad 1.

Hinweis: Beginne mit dem Fall $G = \mathbb{Z}/\langle p \rangle$.

Aufgabe 14 Finde eine unendliche Gruppe G und eine endlich-dimensionale komplexe Darstellung von G, die nicht irreduzibel und gleichzeitig unzerlegbar ist.

Aufgabe 15

a) Seien K ein Körper, G eine Gruppe, $N \trianglelefteq G$ ein Normalteiler und $\rho: G \to \mathrm{GL}(V)$ eine Darstellung von G auf einem K-Vektorraum V. Angenommen, N wirke auf V trivial.
   Zeige: Die Darstellung ρ faktorisiert sich als $G \xrightarrow{\pi} G/N \to \mathrm{GL}(V)$, wobei π die kanonische Projektion bezeichnet.
b) Seien p eine Primzahl, G eine Gruppe mit $|G| = p^3$ und K ein algebraisch abgeschlossener Körper mit char $K \neq p$.
   Zeige: Jede irreduzible Darstellung von G vom Grad > 1 ist treu. (Eine Darstellung ρ heißt treu, wenn ρ injektiv ist).

Aufgabe 16 Seien p eine Primzahl, G eine p-Gruppe und K ein Körper mit char $K = p$.

a) Zeige: Jede Darstellung ρ von G über K vom endlichen Grad ≥ 1 besitzt einen Vektor $v \neq 0$ mit $\rho(g)v = v$ für alle $g \in G$.
   Hinweis: Reduziere zunächst auf den Fall $K = \mathbb{F}_p$. Benutze dann die Formel (1.1) aus dem Kap. 1.
b) Zeige: Jede irreduzible Darstellung von G über K ist isomorph zur trivialen eindimensionalen Darstellung.

Kapitel 4
Charaktere von Darstellungen. Orthogonalitätsrelationen. Charaktertafeln

Dieses Kapitel führt zentrale Objekte der Darstellungstheorie endlicher Gruppen ein, wie sie in jedem Lehrbuch zu finden sind. Wir folgen im Großen und Ganzen der Darstellung in Isaacs [Isa], Kap. 2.

Seien G eine endliche Gruppe und

$$\rho: G \to \mathrm{GL}(V)$$

eine Darstellung von G auf einem endlich-dimensionalen Vektorraum V über einem algebraisch abgeschlossenen Körper K der Charakteristik 0^1.

Definition 8 Der Charakter der Darstellung ρ ist die Funktion

$$\chi_\rho: G \to K$$

mit $\chi_\rho(g) = \mathrm{Tr}\rho(g)$ für alle $g \in G$.

Wie im Kap. 3 identifizieren wir die Elemente der Gruppenalgebra $K[G]$ mit allen Funktionen $G \to K$. Dabei ist χ_ρ eine zentrale Funktion, d. h. ein Element im Zentrum $\mathrm{Cent}(K[G])$ der Gruppenalgebra. Dabei besteht das Zentrum von $K[G]$ aus denjenigen Funktionen $G \to K$, die auf den Konjugationsklassen von G konstant sind ([Isa, Theorem 2.4]). Insbesondere für eine zentrale Funktion φ schreiben wir manchmal $\varphi(C)$ statt $\varphi(g)$, wobei C für die Konjugationsklasse des Elements $g \in G$ steht.

Die grundlegende Eigenschaft der Charaktere besteht darin, dass sie die Darstellungen eindeutig festlegen:

---

[1] Ab sofort ist das unsere konstitutive Voraussetzung, die beinahe in allen weiteren Kapiteln standardmäßig gemeint ist.

Satz 5 ([Isa, Korollar 2.9]). Seien ρ und π zwei endlich-dimensionale Darstellungen einer endlichen Gruppe G über einem algebraisch abgeschlossenen Körper der Charakteristik 0.

Dann sind die Darstellungen ρ und π genau dann isomorph, wenn ihre Charaktere χ_ρ und χ_π gleich sind.

Definition 9 Der Grad deg χ des Charakters χ einer Darstellung ρ auf einem Vektorraum V ist dim V.

Da char $K = 0$ ist, ist $\mathbb{Z} \subset K$ und wir haben deg $\chi = \chi(1) = \dim V$.

Definition 10 Charaktere vom Grad 1 heißen lineare Charaktere.

Definition 11 Der Charakter χ einer irreduziblen Darstellung ρ heißt irreduzibel. Die Menge aller irreduziblen Charaktere der Gruppe G über K bezeichnen wir mit Irr(G).

Da nach Satz 5 Charaktere und Darstellungen einander eindeutig bestimmen, schreiben wir auch manchmal Irr(G) für die Menge der Isomorphieklassen der irreduziblen Darstellungen von G.

Satz 6 ([Isa, Korollar 2.5]). Die Menge Irr(G) ist endlich und ist gleichmächtig mit der Menge aller Konjugationsklassen der Gruppe G. Ferner ist

$$|\mathrm{Irr}(G)| = \dim \mathrm{Cent}(K[G]).$$

Beispiele

1. Der Charakter χ_{reg} der regulären Darstellung (Definition 4 im Kap. 3) kann wie folgt bestimmt werden ([Ser1, Proposition 5, §2.4, Kap. 2]):

$$\chi_{\mathrm{reg}}(g) = \begin{cases} 0, & g \neq 1; \\ |G|, & g = 1. \end{cases}$$

2. (Permutationsdarstellungen). Sei G eine Gruppe, die auf einer endlichen Menge X wirkt. Dann wirkt G auf dem K-Vektorraum $V := K^X$ aller Abbildungen $X \to K$ vermöge

$$(gf)(x) := f(g^{-1}x)$$

für alle $g \in G$, $x \in X$ und $f: X \to K$ (cf. Definition 4 im Kap. 3). Es ist offensichtlich, dass dim $V = |X|$ ist. Diese Darstellung heißt Permutationsdarstellung.

Äquivalent kann diese Darstellung als die Komposition

$$G \to \mathrm{Sym}(X) \to \mathrm{GL}(V)$$

aufgefasst werden, wobei der erste Gruppenhomomorphismus

4 Charaktere von Darstellungen. Orthogonalitätsrelationen ... 17

$$G \to \mathrm{Sym}(X)$$

durch die Wirkung von G auf X induziert ist (siehe Kap. 1) und der zweite Homomorphismus

$$\mathrm{Sym}(X) \to \mathrm{GL}(V)$$

der allgemein bekannten Darstellung der symmetrischen Gruppe als Gruppe aller Permutationsmatrizen entspricht.
Der Charakter χ der Permutationsdarstellung erfüllt

$$\chi(g) = |\{x \in X \mid gx = x\}| \text{ für alle } g \in G$$

(siehe [Isa, Kap. 5, Seite 68]). Dabei benutzen wir wieder, dass $\mathbb{Z} \subset K$ ist.

Ausgewählte Konstruktionen mit Darstellungen.

1. (Direkte Summe). Seien ρ und π Darstellungen der Gruppe G und χ_ρ und χ_π ihre Charaktere. Dann ist der Charakter der direkten Summe $\rho \oplus \pi$ der Gruppe G durch die Summe der Charaktere von ρ und π gegeben ([Ser1, Proposition 2i, §2.1, Kap. 2]):

$$\chi_{\rho \oplus \pi} = \chi_\rho + \chi_\pi.$$

2. (Duale oder kontragrediente Darstellung). Für eine Darstellung ρ der Gruppe G mit dem Charakter χ_ρ ist der Charakter der dualen Darstellung ρ^* (Definition 6, Kap. 3) wie folgt gegeben:

$$\chi_{\rho^*}(g) = \chi_\rho(g^{-1}) \text{ für alle } g \in G.$$

Falls $K = \mathbb{C}$ ist, dann gilt immer $\chi_\rho(g^{-1}) = \overline{\chi_\rho(g)}$ und damit $\chi_{\rho^*} = \overline{\chi_\rho}$, wobei der waagerechte Strich die komplexe Konjugation bezeichnet ([Ser1, Proposition 1ii, §2.1, Kap. 2]).

3. (Restriktion). Sei H eine Untergruppe der Gruppe G. Dann können wir jede Darstellung ρ der Gruppe G auf einem Vektorraum V auf die Gruppe H einschränken und erhalten so eine Darstellung der Gruppe H. Wir bezeichnen sie mit $\rho|_H$ oder $\mathrm{Res}^G_H(\rho)$ oder einfach $\mathrm{Res}^G_H(V)$.

4. (Inflation). Seien H ein Normalteiler der Gruppe G, $p \colon G \to G/H$ die kanonische Projektion und ρ eine Darstellung von G/H. Dann definieren wir die Inflation von ρ als eine Darstellung der Gruppe G, die als die Komposition $\rho \circ p$ gegeben ist (siehe auch Aufgabe 9).
Alle lineare Charaktere von G entstehen dabei durch Inflation: Sei $[G, G]$ die Kommutatoruntergruppe von G und $G^{ab} := G/[G, G]$ die Abelisierung von G. Dann faktorisiert sich jeder lineare Charakter

$$\rho \colon G \to \mathrm{GL}_1(K) = K^*$$

von G als $G \to G^{ab} \to K^*$.

Die Anzahl der linearen Charaktere von G ist gleich der Mächtigkeit $|G/[G,G]|$ ([Isa, Korollar 2.23b]).

5. (Tensorprodukt). Seien $\rho: G \to \mathrm{GL}(V)$ und $\pi: G \to \mathrm{GL}(U)$ zwei Darstellungen von G auf K-Vektorräumen V und U. Das Tensorprodukt von ρ und π ist eine Darstellung von G auf dem Vektorraum $V \otimes_K U$ mit diagonaler Wirkung:

$$\rho \otimes \pi: G \to \mathrm{GL}(V \otimes_K U)$$

mit

$$(\rho \otimes \pi)(g)(v \otimes u) = \rho(g)v \otimes \pi(g)u$$

für alle $g \in G$, $v \in V$ und $u \in U$. Der Charakter des Tensorprodukts ist durch das Produkt der Charaktere gegeben ([Ser1, Proposition 2ii, §2.1, Kap. 2]):

$$\chi_{\rho \otimes \pi} = \chi_\rho \chi_\pi.$$

Falls die Darstellung ρ eindimensional ist, schreiben wir $\rho \cdot \pi$ statt $\rho \otimes \pi$. Es ist leicht zu sehen, dass folgende Eigenschaft in diesem Fall erfüllt ist: π ist genau dann irreduzibel, wenn $\rho \cdot \pi$ irreduzibel ist.

Orthogonalität der Charaktere.

Auf dem Vektorraum $K[G]$ definieren wir folgendes Skalarprodukt

$$\langle \varphi, \psi \rangle = \frac{1}{|G|} \sum_{g \in G} \varphi(g)\psi(g^{-1}), \quad \varphi, \psi \in K[G].$$

Satz 7 (Erste Orthogonalitätsrelation, [Isa, Korollar 2.14]). *Seien $\varphi, \psi \in \mathrm{Irr}(G)$. Dann*

$$\langle \varphi, \psi \rangle = \begin{cases} 1, & \varphi = \psi; \\ 0, & \text{sonst.} \end{cases}$$

Nachdem wir den Begriff der Charaktertafel eingeführt haben, wird klar werden, dass es sich bei diesem Satz um Orthogonalitätsrelationen der Zeilen der Charaktertafel handelt. Analog behandelt der nächste Satz Orthogonalitätsrelationen der Spalten der Charaktertafel.

Satz 8 (Zweite Orthogonalitätsrelation, [Isa, Theorem 2.18]). *Seien $g, h \in G$. Dann*

$$\sum_{\chi \in \mathrm{Irr}(G)} \chi(g)\chi(h^{-1}) = \begin{cases} |Z_G(g)|, & g \text{ und } h \text{ sind konjugiert;} \\ 0, & \text{sonst.} \end{cases}$$

Der Unterschied zwischen Satz 7 und 8 besteht darin, dass wir im ersten Fall die Summe über alle Elemente der Gruppe G und im zweiten Fall über alle irreduzible Charaktere von G nehmen. Eigentlich stehen diese Sätze im gleichen Zusammenhang

4 Charaktere von Darstellungen. Orthogonalitätsrelationen ... 19

miteinander wie die bekannte Aussage aus der linearen Algebra: Bilden die Zeilen einer quadratischen reellen Matrix eine Orthonormalbasis, dann bilden auch die Spalten dieser Matrix eine Orthonormalbasis.

Korollar 1 (Summe der Quadrate der Dimensionen, [Isa, Korollar 2.7]). Es gilt

$$\sum_{\chi \in \mathrm{Irr}(G)} (\deg \chi)^2 = |G|.$$

Satz 9 (Skalarprodukt-Kriterium, [Ser1, Theorem 5, §2.3, Kap. 2]). Sei ρ eine endlich-dimensionale Darstellung unserer Gruppe G mit dem Charakter χ_ρ. Dann ist ρ genau dann irreduzibel, wenn $\langle \chi_\rho, \chi_\rho \rangle = 1$ ist.

Nach dem Satz von Maschke können wir jede endlich-dimensionale Darstellung ρ als eine direkte Summe von irreduziblen Darstellungen schreiben. Für den Charakter χ_ρ der Darstellung ρ erhalten wir damit eine Zerlegung der Form

$$\chi_\rho = \sum_{\psi \in \mathrm{Irr}(G)} m_\psi \psi$$

für gewisse $m_\psi \in \mathbb{N}_0$. Die Zahl m_ψ besagt, wie oft die irreduzible Darstellung ψ in ρ vorkommt und heißt die Multiplizität von ψ in ρ.

Die Multiplizitäten können mithilfe folgendes Satzes berechnet werden.

Satz 10 (Multiplizitäten, [Ser1, Theorem 4, §2.3, Kap. 2]). Es gilt: $m_\psi = \langle \chi_\rho, \psi \rangle$.

Charaktertafeln.

Die Charaktertafel einer Gruppe G ist eine quadratische Tabelle der folgenden Form:

| | c_1 | $\ldots$ | c_h |
	C_1	$\ldots$	C_h
χ_1	$\cdot$	$\ldots$	$\cdot$
$\vdots$	$\vdots$	$\ddots$	$\vdots$
χ_h	$\cdot$	$\ldots$	$\cdot$

Dabei bezeichnen $C_1, \ldots, C_h$ die Konjugationsklassen von G, $c_1, \ldots, c_h$ sind ihre Mächtigkeiten und $\chi_1, \ldots, \chi_h$ sind alle irreduziblen Charaktere von G.

Manchmal schreiben wir anstelle der Konjugationsklassen C_s ihre passend gewählten Repräsentanten oder benutzen folgende Notation: Wir benennen die Konjugationsklassen im Format $1A, 2A, 2B$ usw., wobei die angegebene Zahl gleich der Ordnung der Elemente in der entsprechenden Konjugationsklasse ist und die lateinischen Buchstaben (in alphabetischer Reihenfolge) dazu dienen, die Konjugationsklassen mit Elementen derselben Ordnung voneinander zu unterscheiden. So besteht beispielsweise die Klasse $1A$ aus dem neutralen Element und die Elemente in den Klassen $2A, 2B$ sind Involutionen.

Der Eintrag an der Stelle (i, j) in der Charaktertafel ist der Wert von χ_i auf einem beliebigen Element aus C_j.

Zum Schluss präsentieren wir Charaktertafeln von drei einfachsten Gruppen: S_3, A_4 und S_4.

Die Charaktertafel von S_3 sieht wie folgt aus:

S_3	1 1	3 (1 2)	2 (1 2 3)
triv	1	1	1
sgn	1	−1	1
stand	2	0	−1

Dabei ist triv der triviale eindimensionale Charakter (allgemein sind eindimensionale triviale Charaktere auch unter dem Namen „Hauptcharakter" bekannt). Der Charakter sgn ist das Vorzeichen der Permutation. Die letzte Zeile in der Charaktertafel von S_3 entspricht im Wesentlichen der Permutationsdarstellung, die von der natürlichen Wirkung der Gruppe S_3 auf der Menge $\{1, 2, 3\}$ induziert ist. Genauer gesagt, ist diese 3-dimensionale Permutationsdarstellung isomorph zu einer direkten Summe der Darstellung triv und eben der Darstellung stand (Standard-Darstellung) aus der dritten Zeile.

Alternativ können wir die Gruppe S_3 mit der Diedergruppe D_3 der Symmetrien eines regelmäßigen Dreiecks identifizieren. Dann entspricht die Darstellung stand von $S_3 \simeq D_3$ der natürlichen Wirkung der Diedergruppe in der Ebene.

Die Charaktertafel von A_4 sieht wie folgt aus:

A_4	1 1	3 (1 2)(3 4)	4 (1 2 3)	4 (2 1 3)
triv	1	1	1	1
χ	1	1	ω	ω^2
χ^*	1	1	ω^2	ω
stand	3	−1	0	0

Die lineare Charaktere χ und χ^* entstehen durch Inflation, wie in Konstruktion 4 in Kap. 4: Die Kommutatoruntergruppe von A_4 ist die Kleinsche Vierergruppe, die aus den Permutationen

$$V_4 := \{1, (1\,2)(3\,4), (1\,3)(2\,4), (1\,4)(2\,3)\} \simeq C_2 \times C_2$$

besteht. Die Abelisierung $A_4/[A_4, A_4]$ ist isomorph zu C_3, deren Charaktertafel wie folgt aussieht:

C_3	1 1	1 z	1 z^2
	1	1	1
	1	ω	ω^2
	1	ω^2	ω

wobei z ein Erzeuger von C_3 ist und sowohl hier als auch in der obigen Charaktertafel von A_4 wir $\omega = e^{2\pi i/3}$ bezeichnet haben.

Die letzte Zeile der Charaktertafel von A_4 ist die Standard-Darstellung „stand", die auf dieselbe Weise wie die Standard-Darstellung von S_3 definiert ist. Die direkte Summe triv $\oplus$ stand ist nämlich die Permutationsdarstellung von A_4, die aus der natürlichen Wirkung von A_4 auf der Menge $\{1, 2, 3, 4\}$ entsteht.

Schließlich sieht die Charaktertafel von S_4 wie folgt aus:

S_4	1 1	6 (1 2)	8 (1 2 3)	3 (1 2)(3 4)	6 (1 2 3 4)
triv	1	1	1	1	1
sgn	1	−1	1	1	−1
χ	2	0	−1	2	0
stand	3	1	0	−1	−1
stand'	3	−1	0	−1	1

Die Darstellungen triv, sgn und stand sind genauso wie für die Gruppe S_3. Die Darstellung stand' entsteht als Produkt stand' = sgn · stand.

Den Charakter χ konnten wir dann mit Hilfe der Orthogonalitätsrelationen für Spalten finden. Dabei fällt es auf, dass die Werte im Kästchen in der obigen Charaktertafel von S_4 genauso wie die Einträge in der letzten Zeile der Charaktertafel von S_3 sind. Dies ist kein Zufall.

Die Kleinsche Vierergruppe V_4 ist ein Normalteiler von S_4. Die Faktorgruppe S_4/V_4 ist isomorph zu S_3 und so kommt der Charakter χ von der Standard-Darstellung von S_3 mithilfe der Inflation.

Es sei bemerkt, dass in der Literatur VIEL ausführlichere Charaktertafeln präsentiert werden, als wir dies hier tun werden. Wir empfehlen den Lesern die Originalausgabe des Buchs [ATLAS] in Papierform in einer Bibliothek anzuschauen und einen Eindruck von den Maßstäben der Theorie zu bekommen.

Aufgaben

Aufgabe 17 Seien G eine endliche Gruppe und χ Charakter einer endlichdimensionalen komplexen Darstellung von G. Angenommen, es gelte $\chi(g) = 0$ für alle $g \in G \setminus \{1\}$.

Zeige: Es gibt ein $n \in \mathbb{N}_0$ mit $\chi = n \cdot \chi_{\text{reg}}$, wobei χ_{reg} den Charakter der regulären Darstellung von G bezeichnet.

Aufgabe 18 Seien G eine endliche Gruppe und $g, h \in G$.

Zeige: Die Elemente g und h sind genau dann zueinander konjugiert, wenn für alle Charaktere χ aller irreduziblen komplexen Darstellungen von G gilt $\chi(g) = \chi(h)$.

Aufgabe 19 Seien G eine endliche Gruppe und π eine irreduzible komplexe Darstellung von G. Sei π^* die duale Darstellung und sei diese isomorph zur Darstellung π.

Zeige: Die Multiplizität der trivialen eindimensionalen Darstellung in $\pi \otimes \pi$ ist gleich 1.

Aufgabe 20 Zeige mit darstellungstheoretischen Methoden: Jede Gruppe der Ordnung 24 ist nicht perfekt. (Eine Gruppe G heißt perfekt, wenn $G = [G, G]$ gilt).

Aufgabe 21 Seien $G \neq 1$ eine endliche Gruppe und $g \in G$.
Zeige: Es gibt eine nicht triviale komplexe irreduzible Darstellung von G mit Charakter χ, sodass $\chi(g) \neq 0$.

Aufgabe 22 Zeige mit darstellungstheoretischen Methoden: S_4 ist keine Untergruppe von $\mathrm{GL}_2(\mathbb{C})$.

Aufgabe 23 Seien G eine endliche Gruppe und χ_{reg} der Charakter der regulären Darstellung von G über $\mathbb{C}$.
    Zeige: $\chi_{\mathrm{reg}} = \sum_{\rho \in \mathrm{Irr}(G)} (\deg \rho) \rho$.

Aufgabe 24 Betrachte die $(2, 3, 4)$-von Dyck-Gruppe[2]

$$G = \langle x, y \mid x^2 = y^3 = (xy)^4 = 1 \rangle.$$

Vervollständige die Charaktertafel der Gruppe G. Beachte dabei, dass es nicht notwendig ist, die Gruppe genau zu kennen.

	1	.	3	.	6
	1	x	$(xy)^2$	y	xy
χ_1	1	1	1	1	1
χ_2	1	−1	1	1	−1
χ_3	.	0	.	.	.
χ_4	.	1	.	.	.
χ_5	3	−1	−1	0	1

Identifiziere dann die Gruppe G.

Aufgabe 25 Seien $\omega = e^{2\pi i/3}$ und $\zeta = -\frac{1}{2} + i\frac{\sqrt{7}}{2}$.
    Vervollständige die Charaktertafel einer Gruppe G:

	1	3	3	7	7
χ_1	.	.	.	.	.
χ_2	1	1	1	ω	.
χ_3	.	.	.	.	.
χ_4	3	ζ	.	0	0
χ_5	.	.	.	.	.

---
[2] Mehr zu von Dyck-Gruppen findet sich in Kap. 18.

4 Charaktere von Darstellungen. Orthogonalitätsrelationen ...

Aufgabe 26 Seien G eine endliche Gruppe und χ der Charakter einer endlich-dimensionalen komplexen Darstellung π von G.

a) Sei $g \in G$ ein Element mit $g^2 = 1$.
   Zeige: $\chi(g) \in \mathbb{Z}$ und $\chi(g) = \chi(1) \mod 2$.
b) Sei $g \in G$ ein Element mit $g^3 = 1$. Seien die Elemente g und g^{-1} zueinander konjugiert.
   Zeige: $\chi(g) \in \mathbb{Z}$ und $\chi(g) = \chi(1) \mod 3$.

Hinweis: Betrachte die Eigenwerte von $\pi(g)$.

Kapitel 5
Darstellungen von abelschen Gruppen

Dieses sehr kurze Kapitel gibt uns einen Eindruck in typische Aufgaben zu Darstellungen von abelschen Gruppen. Die Theorie ist klassisch und in jedem Lehrbuch zu finden. Wo nicht anders angegeben, beziehen sich die Referenzen auf Sätze und Lemmata auf das Buch von Isaacs [Isa].

Vor der Bearbeitung der Aufgaben erinnern wir uns an folgende Aussagen:

Satz 11 Eine irreduzible komplexe Darstellung einer endlichen abelschen Gruppe A ist immer eindimensional, d.h. sie ist nichts anderes als ein Gruppenhomomorphismus $A \to \mathbb{C}^*$.

Satz 12 ([Hup, Theorem 5.1]). Alle eindimensionalen Darstellungen von A bilden eine Gruppe bezüglich punktweiser Multiplikation, die (nicht kanonisch[1]) zur Gruppe A isomorph ist.

Die Charaktertafel. In den Übungsaufgaben wird manchmal die Charaktertafel von zyklischen Gruppen $C_n = \langle z \rangle$ benötigt. Sie sieht wie folgt aus ([Ser1, Abschn. 5.1]):

$$\begin{array}{c|ccccc} & 1 & z & z^2 & \ldots & z^{n-1} \\ \hline & 1 & 1 & 1 & \ldots & 1 \\ & 1 & \zeta & \zeta^2 & \ldots & \zeta^{n-1} \\ & 1 & \zeta^2 & \zeta^4 & \ldots & \zeta^{2(n-1)} \\ & \vdots & \vdots & \vdots & \vdots & \vdots \\ & 1 & \zeta^{n-1} & \zeta^{2(n-1)} & \ldots & \zeta^{(n-1)^2} \end{array}$$

Hier bezeichnet ζ eine primitive n-te komplexe Einheitswurzel. Wir erkennen sofort in der obigen Matrix eine Vandermonde-Matrix, das ist die Matrix der diskreten Fourier-Transformation; siehe dazu Kap. 16.

---

[1] Die Identifizierung ist nicht kanonisch, da man dafür primitive komplexe Einheitswurzeln wählen soll.

Aufgaben

Aufgabe 27 Finde eine irreduzible Darstellung von $\mathbb{Z}/\langle 4\rangle$ über $\mathbb{R}$ mit der Dimension 2.

Aufgabe 28 Gegeben ist die folgende Aussage:
Seien K ein algebraisch abgeschlossener Körper und G eine endliche Gruppe mit char $K \nmid |G|$. Wenn G abelsch ist, dann sind alle irreduziblen Darstellungen von G eindimensional.

Zeige nun die Umkehrung dieser Aussage: Wenn alle irreduziblen Darstellungen einer Gruppe G über K eindimensional sind, dann ist G abelsch.

Aufgabe 29 Sei G eine abelsche Gruppe der Ordnung n und $k \in \mathbb{N}_0$.
Zeige: Die Anzahl aller nicht isomorphen komplexen k-dimensionalen Darstellungen von G ist der Koeffizient von t^k in der Taylorreihe von $\dfrac{1}{(1-t)^n}$.

Aufgabe 30 ([Isa, Aufgabe 2.9a]). Seien A eine endliche abelsche Gruppe und χ der Charakter einer endlich-dimensionalen komplexen Darstellung von A.
Zeige: $\sum_{a \in A} |\chi(a)|^2 \geq |A| \cdot \chi(1)$.

Aufgabe 31 ([Isa, Aufgabe 2.9b]). Seien G eine endliche Gruppe, A eine abelsche Untergruppe von G vom Index $n \in \mathbb{N}$ und χ der Charakter einer irreduziblen komplexen Darstellung von G.
Zeige: $\chi(1) \leq n$.

Hinweis: Für eine Darstellung ρ von G betrachte die Restriktion $\rho|_A$. Benutze ferner Aufgabe 30.

Kapitel 6
Das Zentrum und die Kommutatoruntergruppe

In der Charaktertafel einer Gruppe sind sehr viele Informationen über die Gruppe selbst kodiert. Zum Beispiel könnte man sofort anhand der Charaktertafel erkennen, ob unsere Gruppe einfach ist: Eine endliche Gruppe G ist nämlich genau dann einfach, wenn für alle nicht trivialen irreduziblen Charaktere $\chi \in \mathrm{Irr}(G)$ und für alle Elemente $g \in G \setminus \{1\}$ die Ungleichung $\chi(g) \neq \chi(1)$ gilt.

In diesem Kapitel werden wir uns mit dem Zentrum und mit der Kommutatoruntergruppe aus darstellungstheoretischer Perspektive beschäftigen. Insbesondere werden wir sehen, wie diese in der Charaktertafel erkennbar sind.

Sei ρ eine endlich-dimensionale komplexe Darstellung einer endlichen Gruppe G und sei χ der Charakter von ρ. Wir definieren den Kern von χ als

$$\mathrm{Ker}\,\chi := \{g \in G \mid \chi(g) = \chi(1)\}. \tag{6.1}$$

Nach [Isa, Lemma 2.19] gilt $\mathrm{Ker}\,\rho = \mathrm{Ker}\,\chi$.

Aufgaben

Aufgabe 32 Sei G eine endliche Gruppe. Bekanntermaßen (siehe z. B. [Isa, Korollar 2.23(a)]) ist

$$[G, G] = \bigcap_{\chi \in \mathrm{Irr}(G),\ \chi(1)=1} \mathrm{Ker}\,\chi.$$

Zeige:

$$\bigcap_{\chi \in \mathrm{Irr}(G),\ \chi(1) \neq 1} \mathrm{Ker}\,\chi$$

ist eine Untergruppe des Zentrums von G.

Aufgabe 33 Sei G eine endliche Gruppe. Für den Charakter χ einer komplexen endlich-dimensionalen Darstellung ρ von G sei

$$Z(\chi) := \{g \in G \mid |\chi(g)| = \chi(1)\}.$$

Zeige: Das Zentrum von G ist $Z(G) = \bigcap_{\chi \in \mathrm{Irr}(G)} Z(\chi)$.

Hinweis: Zeige zunächst, dass

$$Z(\chi) = \{g \in G \mid \rho(g) = \lambda \cdot \mathrm{id}_V \text{ für ein } \lambda \in \mathbb{C}\}.$$

Kapitel 7
Tensorprodukte von Darstellungen

Wie gewohnt betrachten wir endlich-dimensionale Darstellungen der endlichen Gruppen über einem algebraisch abgeschlossenen Körper der Charakteristik 0.

Wir haben bereits im Kap. 4 gesehen, wie der Charakter des Tensorprodukts von Darstellungen einer endlichen Gruppe G aussieht. Es gilt nämlich

$$\chi_{\rho \otimes \pi} = \chi_\rho \chi_\pi.$$

In diesem Kapitel beschäftigen wir uns sowohl mit dem Tensorprodukt als auch mit zwei anderen wohlbekannten Operationen auf Darstellungen: die symmetrische Potenz und die äußere Potenz einer Darstellung.

Definition 12 Sei $\rho \colon G \to \mathrm{GL}(V)$ eine Darstellung von G auf einem endlich-dimensionalen K-Vektorraum V. Die k-te äußere Potenz von V ist definiert als die Darstellung

$$\Lambda^k(\rho) \colon G \to \mathrm{GL}(\Lambda^k(V))$$

mit $g(v_1 \wedge \ldots \wedge v_k) = g(v_1) \wedge \ldots \wedge g(v_k)$ für alle $g \in G$, $v_1, \ldots, v_k \in V$.

Die k-te symmetrische Potenz von V ist definiert als die Darstellung

$$\mathrm{Sym}^k(\rho) \colon G \to \mathrm{GL}(\mathrm{Sym}^k(V))$$

mit $g(v_1 \cdot \ldots \cdot v_k) = g(v_1) \cdot \ldots \cdot g(v_k)$ für alle $g \in G$, $v_1, \ldots, v_k \in V$.

Bekanntermaßen sind $\dim \Lambda^k(V) = \binom{n}{k}$ und $\dim \mathrm{Sym}^k(V) = \binom{n+k-1}{k}$, wobei $n = \dim V$.

Satz 13 ([Ser1, Proposition 3, §2.1, Kap. 2]) Es gilt:

$$\chi_{\Lambda^2(\rho)}(g) = \frac{1}{2}(\chi_\rho(g)^2 - \chi_\rho(g^2)) \text{ und}$$

$$\chi_{\mathrm{Sym}^2(\rho)}(g) = \frac{1}{2}(\chi_\rho(g)^2 + \chi_\rho(g^2)) \text{ für alle } g \in G.$$

Ferner gilt $\rho \otimes \rho \simeq \Lambda^2(\rho) \oplus \mathrm{Sym}^2(\rho)$.

Aufgaben

Aufgabe 34 Seien π und ρ zwei endlich-dimensionale komplexe Darstellungen einer endlichen Gruppe G.

Zeige einen Isomorphismus von Darstellungen:

$$\mathrm{Sym}^2(\pi \oplus \rho) \simeq \mathrm{Sym}^2(\pi) \oplus (\pi \otimes \rho) \oplus \mathrm{Sym}^2(\rho).$$

Aufgabe 35 Seien G eine endliche Gruppe und $\pi\colon G \to \mathrm{GL}_2(\mathbb{C})$ eine 2-dimensionale komplexe Darstellung von G. Sei $\det \pi\colon G \to \mathbb{C}^*$ definiert als $(\det \pi)(g) := \det(\pi(g))$, $g \in G$.

Zeige: Die Darstellungen $\det \pi$ und die zweite äußere Potenz $\Lambda^2(\pi)$ sind isomorph.

Aufgabe 36 Sei ρ eine endlich-dimensionale treue komplexe Darstellung einer endlichen Gruppe G und sei π eine irreduzible komplexe Darstellung von G.

Zeige: Es gibt ein $n \in \mathbb{N}_0$, sodass π eine Unterdarstellung von $\rho^{\otimes n}$ ist.

Hinweis: Seien χ der Charakter von ρ, φ der Charakter von π und $a_n = \langle \varphi, \chi^n \rangle$. Schreibe die Reihe $\sum_{n=0}^{\infty} a_n t^n$ als eine rationale Funktion von t und untersuche diese Funktion im Punkt $t = \frac{1}{\chi(1)}$. Benutze dabei folgende Aussage: Für eine endliche Gruppe G und eine endlich-dimensionale komplexe Darstellung ρ von G mit Charakter χ ist ρ genau dann treu, wenn für alle $g \in G \setminus \{1\}$ gilt $\chi(g) \neq \chi(1) = \deg \rho$.

Aufgabe 37 Sei ρ eine endlich-dimensionale treue komplexe Darstellung einer endlichen Gruppe G mit dem Charakter χ. Angenommen, χ nimmt genau m verschiedene Werte an. Sei π eine irreduzible komplexe Darstellung von G.

Zeige: π ist eine Unterdarstellung von $\rho^{\otimes n}$ für ein n mit $1 \leq n \leq m$.

Hinweis: Seien $\alpha_1, \ldots, \alpha_m$ alle verschiedene Werte von χ mit $\alpha_1 = \chi(1)$ und sei ψ der Charakter von π. Betrachte die zentrale Funktion

$$f = \chi \cdot \prod_{i=2}^{m}(\chi - \alpha_i \cdot 1)\colon G \to \mathbb{C}.$$

Vergleiche diese Funktion mit dem Charakter der regulären Darstellung von G und zeige danach, dass $\langle \psi, \chi^n \rangle \neq 0$ für ein $1 \leq n \leq m$.

Kapitel 8
Induzierte Charaktere. Frobenius-Reziprozität

In den vorherigen Kapiteln haben wir Methoden vorgestellt, mithilfe derer neue Darstellungen ausgehend von vorhandenen Darstellungen konstruiert werden können. In diesem Kapitel lernen wir mit den induzierten Darstellungen eine weitere mächtige Methode dazu kennen.

Sei H eine Untergruppe einer endlichen Gruppe G und sei W eine Darstellung von H, d. h. ein K-Vektorraum W zusammen mit einer linearen Wirkung der Gruppe H.

Die induzierte Darstellung ist eine Darstellung der (größeren) Gruppe G, die wie folgt definiert ist.

Definition 13 Seien $H \leq G$ eine Untergruppe von G und W eine Darstellung von H. Seien $s_1, \ldots, s_t$ Repräsentanten der Linksnebenklassen G/H.

Für $i = 1, \ldots, t$ bezeichnen wir mit $s_i W$ je eine Kopie des Vektorraums W und betrachten den Vektorraum

$$V = \bigoplus_{i=1}^{t} s_i W.$$

Auf diesem Vektorraum definieren wir eine Wirkung der Gruppe G durch

$$g(s_i w) := s_j(hw),$$

wobei wir für jedes $i = 1, \ldots, t$ und für jedes $g \in G$ das Element $g s_i \in G$ in der Form $g s_i = s_j h$ für ein $j = 1, \ldots, t$ und ein $h \in H$ schreiben.

Die Darstellung V mit so definierter Wirkung der Gruppe G heißt induzierte Darstellung und wird mit $\mathrm{Ind}_H^G(W)$ bezeichnet.

Manchmal schreiben wir auch $\mathrm{Ind}_H^G(\rho)$ statt $\mathrm{Ind}_H^G(W)$, wenn ρ für die Wirkung von H auf dem Vektorraum W steht.

Wir präsentieren noch folgende äquivalente Definition einer induzierten Darstellung ([Ser1, Aufgabe 3.5, Kap. 3]).

Definition 14 Seien $H \leq G$ eine Untergruppe von G und W eine Darstellung von H.
Wir betrachten den Vektorraum

$$V = \{f : G \to W \mid f(hg) = hf(g) \text{ für alle } h \in H\},$$

d. h. wir betrachten den Vektorraum aller H-äquivarianten Abbildungen $G \to W$.
Auf diesem Vektorraum definieren wir eine Wirkung der Gruppe G durch

$$(g \cdot f)(x) := f(xg)$$

für alle $g \in G$, $f \in V$ und $x \in G$. Die so konstruierte Darstellung V der Gruppe G ist äquivalent zur induzierten Darstellung $\mathrm{Ind}_H^G(W)$.

Bemerkung Analogien zählen bekanntermaßen zu einer mächtigen Erkenntnismethode. Deswegen möchten wir hier zwei Analogien vorstellen, die die Idee der obigen Definitionen besser illustrieren.

Eine gute Analogie zu irreduziblen Darstellungen sind transitive Gruppenwirkungen[1] auf endlichen Mengen[2].

Eine entsprechende Analogie zu induzierten Darstellungen sind imprimitive Gruppenwirkungen[3] auf endlichen Mengen, wobei die Imprimitivitätsgebiete (Blöcke) den Kopien $s_i W$ entsprechen.

Wir betrachten nun ein Beispiel einer induzierten Darstellung:

Beispiel Für eine Untergruppe H von G betrachten wir die Wirkung von G auf der Menge der Linksnebenklassen G/H durch Linksmultiplikation. Die entsprechende Permutationsdarstellung von G ist isomorph zur induzierten Darstellung $\mathrm{Ind}_H^G(K)$, wobei K die triviale eindimensionale Darstellung von H bezeichnet ([Isa, Lemma 5.14]).

---

[1] Eine transitive Wirkung ist eine Wirkung mit einer Bahn.

[2] Allerdings ist die Analogie nicht vollständig: Die zu einer Gruppenwirkung assoziierte Permutationsdarstellung ist in der Regel reduzibel: sie enthält nämlich einen invarianten Unterraum von konstanten Funktionen.

[3] Eine transitive Wirkung der Gruppe G auf einer endlichen Menge X heißt imprimitiv, wenn es eine disjunkte Zerlegung

$$X = X_1 \cup X_2 \cup \ldots \cup X_s$$

existiert, sodass $s \geq 2$, $|X_i| \geq 2$ für alle $i = 1, \ldots, s$ und folgende Bedingung erfüllt ist: Für jedes $g \in G$ und für jedes $i = 1, \ldots, s$ ist $gX_i \subset X_j$ für ein geeignetes j (das von i und g abhängt). Die Mengen X_i heißen Imprimitivitätsgebiete. Eine transitive Gruppenwirkung, die nicht imprimitiv ist, heißt primitiv (siehe auch [La, Kap. 1, Seite 80]).

8 Induzierte Charaktere. Frobenius-Reziprozität

Falls $H = 1$ ist, stimmt diese Permutationsdarstellung mit der regulären Darstellung reg_G der Gruppe G überein und wir erhalten damit einen Isomorphismus $\mathrm{reg}_G \simeq \mathrm{Ind}_1^G(K)$.

Die Charaktere der induzierten Darstellungen können wie folgt berechnet werden.

Satz 14 ([Ser1, Theorem 12, §3.3, Kap. 3]). Sei χ der Charakter der Darstellung W der Gruppe H. Wir bezeichnen den Charakter der induzierten Darstellung $\mathrm{Ind}_H^G(W)$ der Gruppe G mit $\mathrm{Ind}_H^G(\chi)$. Dann

$$\left(\mathrm{Ind}_H^G(\chi)\right)(g) = \sum_{s_i^{-1} g s_i \in H} \chi(s_i^{-1} g s_i)$$

für alle $g \in G$.

Bemerkung Falls $H \trianglelefteq G$ ist, dann ist für jedes i die Bedingung $s_i^{-1} g s_i \in H$ äquivalent zur Bedingung $g \in H$.

Alternativ kann der Charakter der induzierten Darstellung mithilfe der folgenden Formel bestimmt werden.

Satz 15 [Ser1, Theorem 12, §3.3, Kap. 3] Für alle $g \in G$ gilt

$$\left(\mathrm{Ind}_H^G(\chi)\right)(g) = \frac{1}{|H|} \sum_{\substack{x \in G \\ x^{-1} g x \in H}} \chi(x^{-1} g x).$$

Frobenius-Reziprozität. In diesem Abschnitt folgen wir im Wesentlichen [Ser1, §7.2, Kap. 7] und [Hup, §17].

Für zwei Darstellungen U und V einer endlichen Gruppe G bezeichnen wir mit $\mathrm{Hom}_G(U, V)$ den Vektorraum aller linearen G-äquivarianten Abbildungen $U \to V$, d.h.

$$\mathrm{Hom}_G(U, V) = \{\varphi \in \mathrm{Hom}_K(U, V) \mid \varphi(gu) = g\varphi(u) \text{ für alle } g \in G, u \in U\}.$$

Wir haben gerade gesehen, wie man mithilfe der induzierten Darstellung aus einer Darstellung einer Untergruppe H der Gruppe G eine Darstellung der Gruppe G herstellen kann.

Möchten wir aus einer Darstellung der Gruppe G eine Darstellung einer Untergruppe H von G derivieren, so verwenden wir dazu die Restriktion auf die Untergruppe H. Diese zwei Operationen stehen im folgenden Zusammenhang miteinander.

Satz 16 (Frobenius-Reziprozität). Es gilt:

$$\mathrm{Hom}_G(\mathrm{Ind}_H^G(W), U) = \mathrm{Hom}_H(W, \mathrm{Res}_H^G(U)),$$

wobei W eine Darstellung von H und U eine Darstellung von G ist.

Da allgemein für zwei Darstellungen U, V einer Gruppe G

$$\dim_K \operatorname{Hom}_G(U, V) = \langle \chi_U, \chi_V \rangle$$

gilt (wobei wir wie üblich mit χ_U und χ_V die Charaktere entsprechender Darstellungen bezeichnet haben), erhalten wir folgendes Korollar.

Korollar 2 Seien χ der Charakter einer Darstellung W der Gruppe H und ψ der Charakter einer Darstellung U der Gruppe G. Dann

$$\langle \operatorname{Ind}_H^G(\chi), \psi \rangle_G = \langle \chi, \psi|_H \rangle_H, \tag{8.1}$$

wobei wir durch den Index G bzw. H im Skalarprodukt betont haben, in welchem Raum es genommen wird: in $K[G]$ bzw. in $K[H]$.

Bemerkung (Adjungierte Funktoren). Die Formel (8.1) ähnelt sich der wohlbekannten Formel aus der linearen Algebra zu adjungierten Operatoren: Für eine Matrix $A \in M_n(\mathbb{C})$ gilt für das Standard-Skalarprodukt auf $\mathbb{C}^n$:

$$\langle Ax, y \rangle = \langle x, A^* y \rangle$$

für alle $x, y \in \mathbb{C}^n$, wobei $A^* = \bar{A}^T$ die adjungierte Matrix bezeichnet.

Die Formel aus dem Satz 16 zwischen Ind und Res lässt sich wie folgt in einem allgemeineren Kontext interpretieren.

Seien $\mathcal{F}: \mathcal{A} \to \mathcal{B}$ und $\mathcal{G}: \mathcal{B} \to \mathcal{A}$ zwei Funktoren zwischen zwei Kategorien. Der Funktor $\mathcal{F}$ heißt linksadjungiert zu $\mathcal{G}$ und der Funktor $\mathcal{G}$ heißt rechtsadjungiert zu $\mathcal{F}$, wenn

$$\operatorname{Hom}_{\mathcal{B}}(\mathcal{F}(X), Y) = \operatorname{Hom}_{\mathcal{A}}(X, \mathcal{G}(Y))$$

für alle Objekte X aus $\mathcal{A}$ und Y aus $\mathcal{B}$ (hierbei meinen wir eine natürliche Bijektion zwischen entsprechenden Mengen der Morphismen).

Wir können also sagen, dass Ind und Res adjungierte Funktoren sind.

Zum Abschluss dieses Kapitels nennen wir noch drei bekannte Beispiele adjungierter Funktoren. Für weitere Beispiele und ausführliche Erklärungen verweisen wir auf [HS, Kap. II, §7,8].

1) In Kap. 4 haben wir bereits die Abelisierung kennengelernt. Sie ist linksadjungiert zum Vergissfunktor, welcher von der Kategorie der abelschen Gruppen in die Kategorie aller Gruppen abbildet. Es gilt nämlich

    $$\operatorname{Hom}(G^{ab}, A) = \operatorname{Hom}(G, A)$$

    für alle Gruppen G und alle abelschen Gruppen A. Dabei haben wir mit Hom die Menge aller Gruppenhomomorphismen bezeichnet.

8 Induzierte Charaktere. Frobenius-Reziprozität

2) Das bekannteste Beispiel von adjungierten Funktoren ist wahrscheinlich die Adjunktion zwischen dem Funktor Hom und dem Tensorprodukt: Seien R ein kommutativer assoziativer Ring mit 1 und Q ein R-Modul. Dann gilt

$$\text{Hom}(M \otimes_R Q, N) = \text{Hom}(M, \text{Hom}(Q, N))$$

für alle R-Moduln M und N. Dabei haben wir mit Hom den R-Modul aller Modulhomomorphismen bezeichnet.

3) Ein weiteres sehr bekanntes Beispiel ist die Weil-Restriktion und der Basiswechsel in der algebraischen Geometrie. Seien L/K eine endliche separable Körpererweiterung, X ein Schema über L und Z ein Schema über K. Dann gilt

$$\text{Hom}(Z \times_K L, X) = \text{Hom}(Z, R_{L/K}(X)),$$

wobei Hom die Morphismen in der Kategorie der Schemata über K bzw. der Schemata über L bezeichnet und $R_{L/K}$ für die Weil-Restriktion steht.

Aufgaben

Aufgabe 38 Die symmetrische Gruppe $G := S_4$ wirkt auf natürliche Weise auf der Menge $\{1, 2, 3, 4\}$. Den Stabilisator $H := \text{Stab}_G(\{4\})$ identifizieren wir mit der symmetrischen Gruppe S_3. Sei V die 2-dimensionale irreduzible komplexe Darstellung von S_3.

Zerlege die induzierte Darstellung $\text{Ind}_H^G(V)$ in eine direkte Summe irreduzibler Darstellungen von G.

Aufgabe 39 Seien $H \leq G$ endliche Gruppen, ρ eine irreduzible komplexe Darstellung von H auf einem Vektorraum V und $\chi_1, \ldots, \chi_r$ die Charaktere aller irreduziblen komplexen Darstellungen von G. Sei ferner

$$\chi_{\text{Ind}_H^G(V)} = \sum_{i=1}^{r} d_i \chi_i, \ d_i \in \mathbb{N}_0$$

die Zerlegung des Charakters der induzierten Darstellung $\text{Ind}_H^G(V)$ in eine Summe irreduzibler Charaktere.

Zeige: $\sum_{i=1}^{r} d_i^2 \leq |G : H|$.

Aufgabe 40 Sei G eine nicht abelsche Gruppe mit 21 Elementen. Diese Gruppe wird von zwei Elementen x und y erzeugt, sodass folgende Relationen gelten:

$$x^7 = y^3 = 1, \ yxy^{-1} = x^2.$$

Die Gruppe G hat 5 Konjugationsklassen $C_1, \ldots, C_5$ mit Repräsentanten $1, x, x^3, y$, y^2 und mit $|C_1| = 1, |C_2| = |C_3| = 3, |C_4| = |C_5| = 7$. Die Elemente der Gruppe G sind dabei $x^i y^j$, wobei $0 \leq i < 7$ und $0 \leq j < 3$.

Sei $H := \langle x \rangle$ eine Untergruppe von G. Es gilt offensichtlich

$$H = C_1 \cup C_2 \cup C_3.$$

Konstruiere die Charaktertafel von G:

	1	3	3	7	7
	1	x	x^3	y	y^2
χ_1	.	.	.	.	.
χ_2	.	.	.	.	.
χ_3	.	.	.	.	.
χ_4	.	.	.	.	.
χ_5	.	.	.	.	.

Hinweis: Sei $\chi : H \to \mathbb{C}^*$ die Darstellung von H, welche durch $\chi(x^l) = \zeta^l$ definiert ist, wobei $l = 0, \ldots, 6$ und $\zeta = e^{2\pi i/7}$. Berechne den induzierten Charakter $\mathrm{Ind}_H^G(\chi)$ und zeige, dass der induzierte Charakter irreduzibel ist.

Aufgabe 41 Seien p eine Primzahl und

$$G = \left\{ \begin{pmatrix} a & b \\ 0 & 1 \end{pmatrix} \in \mathrm{GL}_2(p) \mid a \in \mathbb{F}_p^*,\, b \in \mathbb{F}_p \right\}.$$

a) Betrachte die Untergruppe $N = \left\{ \begin{pmatrix} 1 & b \\ 0 & 1 \end{pmatrix} \in \mathrm{GL}_2(p) \mid b \in \mathbb{F}_p \right\}$ von G. Sei ψ der Charakter einer nicht trivialen komplexen Darstellung von N vom Grad 1. Zeige: Die induzierte Darstellung $\mathrm{Ind}_N^G(\psi)$ ist irreduzibel.

b) Zeige: Die Gruppe G hat $(p-1)$ komplexe Darstellungen vom Grad 1 und eine irreduzible komplexe Darstellung vom Grad $p-1$.

Kapitel 9
Clifford-Theorie

Die Clifford-Theorie[1] beschäftigt sich mit der Frage, wie die Darstellungen einer Gruppe mit den Darstellungen ihrer Normalteiler zusammenhängen.

Wie üblich nehmen wir an, dass die Gruppe G endlich ist, der Grundkörper K algebraisch abgeschlossen ist und die Charakteristik 0 hat.

Seien H ein Normalteiler von G und

$$\varphi \in \mathrm{Cent}(K[H])$$

eine zentrale Funktion. Für ein Element $g \in G$ definieren wir eine konjugierte zentrale Funktion $\varphi^g \in \mathrm{Cent}(K[H])$ von H als

$$\varphi^g(h) = \varphi(ghg^{-1})$$

für alle $h \in H$.

Satz 17 ([Isa, Theorem 6.2]). *Seien H ein Normalteiler der Gruppe G und $\chi \in \mathrm{Irr}(G)$ der Charakter einer irreduziblen Darstellung von G. Seien ferner $\varphi \in \mathrm{Irr}(H)$ ein irreduzibler Summand der Restriktion $\chi|_H$ und*

$$\varphi_1, \ldots, \varphi_t \in \mathrm{Cent}(K[H])$$

alle paarweise verschiedene Konjugierte von φ.

---

[1] Der Author dieser Theorie ist Alfred Hoblitzelle Clifford (1908–1992). Er soll nicht mit William Kingdon Clifford (1845–1879) verwechselt werden, nach dem die Clifford-Algebra benannt ist.

Dann ist $\varphi_i \in \mathrm{Irr}(H)$ für alle $i = 1, \ldots, t$ und

$$\chi|_H = e \sum_{i=1}^{t} \varphi_i$$

mit $e = \langle \chi|_H, \varphi \rangle \in \mathbb{N}$.

Bemerkung Man kann zeigen, dass die Zahlen e und t den Index $|G : H|$ teilen (siehe [Isa, Abschnitt nach Definition 6.10]). Die Zahl e heißt Verzweigungsindex.

Aufgaben

Aufgabe 42 (Clifford-Theorie für Untergruppen vom Index 2). Sei G eine endliche Gruppe und $H \leq G$ eine Untergruppe vom Index 2. Sei

$$\varepsilon \colon G \to G/H \simeq \{\pm 1\}$$

der kanonische Homomorphismus. Sei ferner π eine irreduzible komplexe Darstellung von G.

Zeige:

a) Wenn $\pi \simeq \pi \otimes \varepsilon$, dann ist die Restriktion $\pi|_H$ eine direkte Summe von zwei nicht isomorphen irreduziblen Darstellungen von H von gleicher Dimension.

b) Wenn $\pi \not\simeq \pi \otimes \varepsilon$, dann ist die Restriktion $\pi|_H$ eine irreduzible Darstellung von H.

Hinweis: Sei χ der Charakter von π. Dann ist $\chi = \chi \cdot \varepsilon$ in a) bzw. $\chi \neq \chi \cdot \varepsilon$ in b). Es gilt ferner: $\langle \chi|_H, \chi|_H \rangle$ ist 1 oder 2.

Aufgabe 43 Seien G eine endliche Gruppe und N eine Hallsche[2] Untergruppe von G. Angenommen, N ist ein Normalteiler von G und für alle irreduziblen komplexen Charaktere χ von G gilt $\chi(1) \mid |G : N|$.

Zeige: N ist abelsch.

---

[2] Eine Untergruppe N von G heißt *Hallsch,* wenn die Ordnung von N und der Index von N in G teilerfremd sind. Beispiele einer Hallschen Untergruppe sind ein Frobeniuskomplement und ein Frobeniuskern in einer Frobeniusgruppe, die später im Kap. 17 eingeführt werden.

Kapitel 10
Satz von Burnside. Charaktere und ganzalgebraische Zahlen

Dieses Kapitel beschäftigt sich mit Methoden, die uns mehr Informationen über die Darstellungen endlicher Gruppen geben können. Insbesondere machen wir uns in diesem Kapitel das Konzept der ganzalgebraischen Zahlen und einen Satz von Burnside zunutze, dessen Beweis schon etwas anspruchsvoller ist. Kombinieren wir den Satz von Burnside mit unserem Wissen aus den vorherigen Kapiteln, so können wir schon einige interessante Aussagen beweisen, wie wir in den Aufgaben sehen werden.

Definition 15 Sei $\alpha \in \mathbb{C}$. Die Zahl α heißt ganzalgebraische Zahl, wenn ganze Zahlen $n \in \mathbb{N}$ und $a_1, \ldots, a_n \in \mathbb{Z}$ existieren, so dass

$$\alpha^n + a_1 \alpha^{n-1} + a_2 \alpha^{n-2} + \ldots + a_n = 0$$

gilt.

Sei χ der Charakter einer endlich-dimensionalen komplexen Darstellung einer endlichen Gruppe G.

Fakt Es ist leicht zu sehen, dass die Zahlen $\chi(g)$ für alle $g \in G$ ganzalgebraisch sind.

William Burnside[1] hat einen eleganten Beweis folgendes Satzes gefunden.

---

[1] **William Burnside** (2. Juli 1852, London, England – 21. August 1927, West Wickham, England) war einer der klassischen Autoren in der Algebra und zusammen mit Frobenius und Schur Gründer der Darstellungstheorie. Burnside war ab 1885 Professor in Greenvich. Im Jahr 1893 wurde er zum Fellow of the Royal Society gewählt und zwar für seine Arbeiten in der Hydrodynamik! Ab 1894 hat Burnside sich komplett der Gruppentheorie zugewandt und wenige Jahre später sein einflussreiches Buch [Bu] „Theory of groups of finite order" veröffentlicht. Der Einfluss von Burnside wurde auch durch seine richtungsweisenden Fragestellungen gestärkt. So hat er vermutet, dass jede Gruppe der ungeraden Ordnung auflösbar ist (der spätere Satz von Feit–Thompson) und hat vorgeschlagen die Endlichkeit von endlich erzeugten Gruppen, in denen jedes Element endliche Ordnung hat, zu beweisen oder zu widerlegen (Burnside-Problem).

Satz 18 (Burnside, [Isa, Theorem 3.11]). Sei χ der Charakter einer irreduziblen komplexen Darstellung einer endlichen Gruppe G. Dann $\chi(1) \mid |G|$.

Um diese Aussage zu beweisen, hat Burnside gezeigt, dass die rationale Zahl $\frac{|G|}{\chi(1)}$ ganzalgebraisch ist. Der Satz folgt dann sofort aus einer einfachen Eigenschaft der ganzalgebraischen Zahlen: Wenn $\alpha \in \mathbb{Q}$ ganzalgebraisch ist, dann ist $\alpha \in \mathbb{Z}$.

Aufgaben

Aufgabe 44 Gibt es eine endliche Gruppe G, die genau 8 irreduzible komplexe Darstellungen besitzt, welche die Grade $1, 2, \ldots, 8$ haben?

Aufgabe 45 Seien p eine Primzahl und G eine p-Gruppe mit $|G| > p$.
Zeige mit darstellungstheoretischen Methoden:
$$|G : [G, G]| \geq p^2.$$
Folgere daraus, dass jede Gruppe der Ordnung p^2 abelsch ist.

Aufgabe 46 Seien p eine Primzahl und G eine nicht abelsche Gruppe der Ordnung p^3.
Finde die Anzahl der irreduziblen komplexen Darstellungen von G und ihre Grade.

Aufgabe 47

a) Seien G eine endliche Gruppe und ρ eine endlich-dimensionale Darstellung von G mit Charakter χ über einem Körper K.
Zeige: Die Abbildung $G \to K^*$, $g \mapsto \det \rho(g)$ ist eine eindimensionale Darstellung von G über K.

b) [Isa, Aufgabe 3.3]. Sei G eine endliche einfache Gruppe.
Zeige: G hat keine irreduzible komplexe 2-dimensionale Darstellung.
Hinweis: Benutze a).

Aufgabe 48 ([Isa, Aufgabe 3.8]). Seien $G \neq 1$ eine endliche Gruppe und φ der Charakter einer endlich-dimensionalen komplexen Darstellung von G, der auf $G \setminus \{1\}$ konstant ist. Seien triv_G der Charakter der trivialen eindimensionalen Darstellung von G und reg_G der Charakter der regulären Darstellung von G.

a) Zeige: Es gibt $a, b \in \mathbb{Z}$ mit $b \geq 0$, sodass $\varphi = a \cdot \operatorname{triv}_G + b \cdot \operatorname{reg}_G$.
b) Angenommen, $G \neq \operatorname{Ker} \varphi := \{g \in G \mid \varphi(g) = \varphi(1)\}$.
Zeige: $\varphi(1) \geq |G| - 1$.

Aufgabe 49 ([Isa, Aufgabe 3.16, 3.17]). Sei G eine endliche Gruppe mit $|G|$ ungerade. Sei m die Anzahl der Konjugationsklassen von G.

a) Sei χ der Charakter einer nicht trivialen irreduziblen komplexen Darstellung von G. Sei χ^* der Charakter der dualen Darstellung.
Zeige: $\chi \neq \chi^*$.
Hinweis: Sei $g \in G \setminus \{1\}$. Zeige zunächst, dass $g \neq g^{-1}$ ist. Benutze dann passende Orthogonalitätsrelationen.

10 Satz von Burnside. Charaktere und ganzalgebraische Zahlen

b) Zeige: $|G| = m \mod 8$.
   Hinweis: Für jede ungerade Zahl $s \in \mathbb{Z}$ gilt $s^2 = 1 \mod 8$.
c) Zeige eine stärkere Eigenschaft: $|G| = m \mod 16$.
   Hinweis: Für jede ungerade Zahl $s \in \mathbb{Z}$ gilt $s^2 = 1$ oder $9 \mod 16$. Benutze Aufgabe a).

Kapitel 11
Elemente der Galois-Theorie

In diesem Kapitel geht es um die Wirkung der Galois-Gruppe auf die Charaktere endlich-dimensionaler Darstellungen einer endlichen Gruppe G.

Für dieses Kapitel empfehlen wir den Lesern das Buch von Serre [Ser1], insbesondere sein Kapitel „*Rationality questions*". Der Name des Kapitels von Serre ist dadurch motiviert, dass wir es hier mit nicht algebraisch abgeschlossenen Körpern zu tun haben. Deswegen werden wir uns in den folgenden Aufgaben auch ein bisschen mit Rationalitätsfragen für Darstellungen von G beschäftigen.

Fakt 1 Jede endlich-dimensionale komplexe Darstellung einer endlichen Gruppe G ist über dem algebraischen Abschluss $\overline{\mathbb{Q}}$ von $\mathbb{Q}$ definiert.

Eigentlich können wir mit Hilfe eines Satzes von Brauer anstelle von $\overline{\mathbb{Q}}$ eine *endliche* Galoissche Körpererweiterung nehmen, über der alle Darstellungen von G definiert sind, nämlich den Kreisteilungskörper $\mathbb{Q}(e^{2\pi i/|G|})$ (siehe [Ser1, Abschn. 12.3]).

Sei
$$\rho: G \to \mathrm{GL}_n(\overline{\mathbb{Q}})$$

eine Darstellung von G und sei $\chi_\rho: G \to \overline{\mathbb{Q}}$ der Charakter von ρ. Die absolute Galois-Gruppe $\mathrm{Gal}(\overline{\mathbb{Q}}/\mathbb{Q})$ wirkt auf natürliche Weise auf $\overline{\mathbb{Q}}$. Insbesondere wirkt sie elementweise auf $\mathrm{GL}_n(\overline{\mathbb{Q}})$.

Für ein Element $\sigma \in \mathrm{Gal}(\overline{\mathbb{Q}}/\mathbb{Q})$ ist offensichtlich $\sigma(\rho)$ auch eine Darstellung von G und $\sigma(\chi_\rho)$ ist der Charakter von $\sigma(\rho)$.

Dabei ist ρ genau dann irreduzibel, wenn $\sigma(\rho)$ irreduzibel ist:

Eine Darstellung ist genau dann irreduzibel, wenn das entsprechende Skalarprodukt gleich 1 ist, und das Skalarprodukt ist gegeben durch

$$\langle \chi_\rho, \chi_\rho \rangle = \langle \sigma(\chi_\rho), \sigma(\chi_\rho) \rangle.$$

Damit haben wir insbesondere die folgende Aussage:

Fakt 2 Die absolute Galois-Gruppe $\operatorname{Gal}(\overline{\mathbb{Q}}/\mathbb{Q})$ wirkt auf natürliche Weise auf der Menge der irreduziblen Charaktere der Gruppe G.

Aufgaben

Aufgabe 50 Seien G eine endliche Gruppe, und sei ρ eine irreduzible komplexe Darstellung von G vom Grad ≥ 2. Bezeichne den Charakter von ρ mit χ. Sei $\chi(g) \in \mathbb{Z}$ für alle $g \in G$.
   Zeige: Es gibt ein Element $g \in G$ mit $\chi(g) = 0$.

Hinweis: Benutze die Orthogonalitätsrelationen.

Bemerkung: Mit etwas Galois-Theorie kann man zeigen, dass die Annahme, dass die Werte $\chi(g)$ in $\mathbb{Z}$ liegen, eigentlich nicht nötig ist.

Aufgabe 51 Sei G eine endliche Gruppe. Bezeichne mit n die Ordnung eines Elements $g \in G$. Angenommen, die Elemente g und g^m seien für alle $m \in \mathbb{N}$, die zu n teilerfremd sind, zueinander konjugiert. Sei χ der Charakter einer irreduziblen komplexen Darstellung ρ von G.
   Zeige: $\chi(g) \in \mathbb{Z}$.

Hinweis: Sei $\zeta_n \in \mathbb{C}$ eine primitive n-te Einheitswurzel. Zeige zunächst: $\chi(g) \in \mathbb{Q}(\zeta_n)$ und $\chi(g^m) = \varphi_m(\chi(g))$, wobei

$$\varphi_m \colon \mathbb{Q}(\zeta_n) \to \mathbb{Q}(\zeta_n)$$

den Körperhomomorphismus mit $\varphi_m(\zeta_n) = \zeta_n^m$ bezeichnet. Benutze dann, dass die Galoisgruppe wie folgt aussieht

$$\operatorname{Gal}(\mathbb{Q}(\zeta_n)/\mathbb{Q}) = \{\varphi_m \mid m \text{ ist teilerfremd zu } n\}.$$

Aufgabe 52 Seien G eine endliche Gruppe, $g_1, g_2, \ldots, g_s$ Repräsentanten aller Konjugationsklassen von G und $\chi_1, \chi_2, \ldots, \chi_s$ Charaktere von allen irreduzible komplexen Darstellungen von G. Sei ferner $R = (\chi_i(g_j))_{1 \leq i,j \leq s} \in M_s(\mathbb{C})$ die Charaktertafel der Gruppe G als eine Matrix aufgefasst.
   Zeige: $|\det R|^2 = \prod_{i=1}^{s} |Z_G(g_i)|$, wobei $Z_G(g_i)$ den Zentralisator von g_i in G bezeichnet.
   Insbesondere gilt $R \in \operatorname{GL}_s(\mathbb{C})$.
   Was kann man über den Wert $(\det R)^2$ ohne absoluten Betrag sagen?

Hinweis: Benutze die Orthogonalitätsrelationen für Spalten.

Aufgabe 53 Seien G eine endliche Gruppe und $\chi_1, \ldots, \chi_s$ die Charaktere aller irreduziblen komplexen Darstellungen von G.
   Zeige: Für alle $g \in G$ ist die Summe $\sum_{i=1}^{s} \chi_i(g)$ eine ganze Zahl.

Kapitel 12
Konstruktion von Charaktertafeln

In diesem Kapitel dreht sich alles um die Charaktertafel einer endlichen Gruppe G. Diese haben wir bereits in Kap. 4 definiert und sie ist uns schon in einigen Aufgaben begegnet. Wir fassen hier einige Methoden zusammen, die hilfreich sind, um Charaktertafeln aufzustellen.

1. Konstruktion offensichtlicher Teile der Charaktertafel durch *Inflation* (Kap. 4). Wenn $N \trianglelefteq G$ ein Normalteiler ist, dann gibt jede irreduzible Darstellung von G/N eine irreduzible Darstellung von G. Insbesondere erhalten wir alle linearen Charaktere von G als Inflation von der abelschen Gruppe $G/[G, G]$, siehe Konstruktion 4 in Kap. 4.
2. Finden von nichtlinearen Charakteren von G. Dabei können die *Permutationsdarstellungen* nützlich sein, wenn man eine endliche Menge findet, auf der G operiert. Wir werden uns dies in Kap. 14 genauer ansehen.
3. Kombination vorhandener Darstellungen, um neue Darstellungen zu finden. Oft hilft es, Tensorprodukte oder äußere und symmetrische Potenzen von Darstellungen (siehe Kap. 7), duale Darstellungen oder andere Kombinationen zu betrachten. Dabei ist es wichtig, zu testen, ob neue Darstellungen irreduzibel sind und, falls nicht, bereits bekannte irreduzible Darstellungen von den neu konstruierten Darstellungen abzuspalten.
4. Ausnutzen von Orthogonalitätsrelationen und weiterer Eigenschaften der möglichen Einträge der Charaktertafel. So müssen alle Einträge ganzalgebraisch sein, siehe das Kap. 10. Für den Charakter χ einer beliebigen irreduziblen komplexen Darstellung der Gruppe G teilt $\chi(1)$ die Ordnung von G und sogar den Index $|G : Z(G)|$ (Satz von Burnside [Isa, Theorem 3.12]). Ferner nimmt jeder nicht lineare irreduzible Charakter den Wert 0 auf mindestens einer Konjugationsklasse an (siehe dazu Aufgabe 50).
5. Ausnutzen von Symmetrie: Wenn die Gruppe G einen äußeren Automorphismus $\varphi \in \mathrm{Aut}(G)$ hat und $\pi : G \to \mathrm{GL}(V)$ eine Darstellung von G ist, dann erhalten wir eine neue Darstellung $G \xrightarrow{\varphi} G \xrightarrow{\pi} \mathrm{GL}(V)$ von G.

6. Wenn nichts hilft, könnten wir die induzierten Darstellungen betrachten (Kap. 8). Es gilt zu beachten, dass die reguläre Darstellung $\text{reg}_G = \text{Ind}_1^G(K)$ (siehe das Beispiel im Kap. 8) alle irreduziblen Darstellungen von G als Unterdarstellungen enthält (Aufgabe 23). In diesem Sinne ist es ratsam von den größeren Untergruppen von G zu induzieren.

Sicherlich existieren weitere Methoden (wie etwa die Clifford-Theorie (Kap. 9), der Satz von Brauer–Nesbitt[1] und weitere Methoden) zur Aufstellung der Charaktertafeln. Einige dieser unerwähnten Methoden werden wir noch in den kommenden Übungsaufgaben treffen.

Aufgaben

Aufgabe 54

Acht und aber Acht macht sechzehn; mit denen will ich schon fertig werden.
Albrecht von Brandenburg

Finde die Charaktertafel der Diedergruppe D_4 und der Quaternionengruppe Q_8.

Aufgabe 55

a) Finde die Charaktertafel der Gruppen S_5 und A_5.
   Hinweis: Nicht die komplexe Konjugation in den Orthogonalitätsrelationen vergessen!
b) Finde die Charaktertafel der Gruppe S_6.
   Hinweis: Die Gruppe S_6 hat folgende 11 Konjugationsklassen

1	15	45	15	40	40	90	90	144	120	120
$1A$	$2A$	$2B$	$2C$	$3A$	$3B$	$4A$	$4B$	$5A$	$6A$	$6B$

mit Repräsentanten

$$1, \quad (1\,2), \quad (1\,2)(3\,4), \quad (1\,2)(3\,4)(5\,6), \quad (1\,2\,3), \quad (1\,2\,3)(4\,5\,6),$$

$$(1\,2\,3\,4), \quad (1\,2\,3\,4)(5\,6), \quad (1\,2\,3\,4\,5), \quad (1\,2\,3\,4\,5\,6), \quad (1\,2\,3)(4\,5).$$

Bekanntermaßen besitzt S_6 einen äußeren Automorphismus[2]. Dieser Automorphismus vertauscht die Klassen $2A$ und $2C$, $3A$ und $3B$, $6A$ und $6B$ und lässt

---

[1] Dieser Satz besagt Folgendes [BrN]. Seien G eine endliche Gruppe und p eine Primzahl. Sei χ der Charakter einer irreduziblen komplexen Darstellung von G mit $p \nmid \frac{|G|}{\chi(1)}$. Dann ist $\chi(g) = 0$ für alle Elemente $g \in G$, deren Ordnung durch p teilbar ist.

[2] Dies ist ein Ausnahmeisomorphismus, denn andere symmetrische Gruppen S_n mit $n \geq 3, n \neq 6$ besitzen nur innere Automorphismen. Unserer Meinung nach hilft folgende Beobachtung, die Existenz eines äußeren Automorphismus von S_6 am einfachsten zu deuten: Es existiert ein bekannter Ausnahmeisomorphismus $S_6 \simeq \text{Sp}_4(2)$ mit der symplektischen Gruppe in der Charakteristik 2. Mit dieser symplektischen Gruppe kann man das so genannte *Dynkin-Diagramm* assoziieren, das wie folgt aussieht: ●==● (Typ $C_2 = B_2$) und eine klar erkennbare Symmetrie besitzt. Diese Symmetrie induziert einen äußeren Automorphismus von S_6. Im Allgemeinen führt die Symmetrie des obigen Dynkin-Diagramms zur Konstruktion der berühmten Suzuki-Gruppen.

12 Konstruktion von Charaktertafeln

andere Konjugationsklassen fest. Mit Hilfe dieser Information lassen sich die ersten 6 Zeilen der Charaktertafel mühelos konstruieren.

Vier weitere Zeilen bekommen wir mit den Methoden aus diesem Kapitel ohne Orthogonalitätsrelationen. Schließlich lässt sich die letzte Zeile mithilfe von Orthogonalitätsrelationen konstruieren.

Aufgabe 56

> Wenn ich sechs Hengste zahlen kann,
> Sind ihre Kräfte nicht die meine?
> Ich renne zu und bin ein rechter Mann,
> Als hätt' ich vier und zwanzig Beine.
> Goethe, Faust.

Eine Gruppe G der Ordnung 24 hat genau 7 Konjugationsklassen $C_1, \ldots, C_7$ mit Repräsentanten $g_1, \ldots, g_7$, so dass Folgendes gilt:

$$g_1^2 = g_2^2 \in C_1, \quad g_3^2 \in C_2, \quad g_4^2 = g_6^2 \in C_5, \quad g_5^2 = g_7^2 \in C_4.$$

Angenommen, wir kennen noch folgende Zeile der Charaktertafel von G:

	1	1	6	4	4	4	4
	C_1	C_2	C_3	C_4	C_5	C_6	C_7
χ	2	-2	0	$-\omega$	$-\omega^2$	ω	ω^2

wobei $\omega = e^{2\pi i/3}$.

Vervollständige die Charaktertafel von G.

Aufgabe 57

> ... en þær stigu á hesta sína og riðu sex í suður en aðrar sex í norður[3].
> Darraðarljóð, Njáls saga, kafli 157

Sei G eine endliche Gruppe mit 6 Konjugationsklassen $C_1 = \{1\}$, C_2, C_3, C_4, C_5, C_6.

Vervollständige die Charaktertafel der Gruppe G:

	1	1	2	2	3	.
	1	C_2	C_3	C_4	C_5	C_6
χ_1	1	1	1	1	1	.
χ_2	1	1	1	1	-1	.
χ_3	1	-1	1	-1	i	.
χ_4	1	-1	1	-1	$-i$	.
χ_5	2	2	-1	-1	0	.
χ_6	.	.	.	.	.	.

---

[3] ... und sie stiegen auf ihre Pferde und ritten sechs nach Süden und die anderen sechs nach Norden.

Aufgabe 58 Sei $\omega = e^{2\pi i/3}$. Vervollständige die wie folgt gegebene Charaktertafel einer endlichen Gruppe:

	1 $1A$	1 $2A$	4 $3A$	6 $4A$	4 $6A$	.	.
χ_1	1	1	1	1	1	.	.
χ_2	1	1	ω	1	ω	.	.
χ_3	2	-2	-1	0	1	.	.
χ_4	.	.	.	.	.	.	.
χ_5	.	.	.	.	.	.	.
χ_6	.	.	.	.	.	.	.
χ_7	.	.	.	.	.	.	.

Kapitel 13
Gruppen der Ordnung 48

> Greater is Thorah than the priesthood, and than the kingdom; for the kingdom is acquired by thirty degrees, and the priesthood by four and twenty, and the Thorah is acquired by forty and eight things.
> Pirqe Aboth, übersetzt von Charles Taylor

Gruppen der Ordnung ≤ 12 wurden von Arthur Cayley basierend auf einer Arbeit von Alfred Kempe im XIX. Jahrhundert klassifiziert (siehe [Cay]). Kurz danach, ebenfalls im XIX. Jahrhundert, hat George Abram Miller in einer Serie von Artikeln alle Gruppen der Ordnung ≤ 48 klassifiziert. Dabei waren die Fälle mit Ordnung 16, 24, 32 und 48 am schwierigsten[1].

Allgemein fällt es auf, dass die Beschreibung der Gruppen, deren Ordnungen durch eine hohe Potenz von 2 oder 3 teilbar sind, besonders aufwendig ist. Ein bekanntes Beispiel sind Gruppen der Ordnung 1024: unter allen Gruppen der Ordnung ≤ 1024 beträgt der Anteil der Gruppen mit 1024 Elementen mehr als 99 % (und es gibt über 49 Mrd. Gruppen dieser Ordnung).

In diesem Kapitel beschäftigen wir uns mit einigen Gruppen der Ordnung 48 (es gibt insgesamt 52 Gruppen dieser Ordnung). Diese Ordnung ist dabei ein guter Kompromiss zwischen der Komplexität der Übungsaufgaben und dem notwendigen Aufwand für ihre Lösung. Die Analyse der nächsten interessanten Ordnungen, wie etwa der Ordnung 96, würden wir, aufgrund des hohen Aufwands, ohne Anwendung von Computeralgorithmen nicht empfehlen.

---

[1] In seiner Arbeit [Mi1] aus dem Jahr 1896 findet Miller alle Gruppen der Ordnung 32, insgesamt 51 Stück. In seiner späteren Arbeit [Mi2] aus dem Jahr 1936 präsentiert Miller eine Korrektur und bekommt eine neue Zahl, nämlich 47. Kurioserweise war seine erste Arbeit korrekt. Dies ist nur ein Beispiel aus der dramatischen Geschichte der Klassifikation der Gruppen der Ordnung 2^m für $m \leq 10$.

Aufgaben

Aufgabe 59 Vervollständige die Charaktertafel einer Gruppe G mit $|G| = 48$.

	1	3	16	.	3	3	3	3
	$1A$	$2A$	$3A$	$3B$	$4A$	$4B$	$4C$	$4D$
.	.	1	.	.	.	.	.	.
.	1	1	ω	.	1	1	1	.
.	1	1	ω^2	.	1	1	1	.
.	.	.	.	.	-1	-1	-1	.
.	3	-1	.	.	$-1+2i$	$-1-2i$	1	.
.	.	.	.	.	.	.	.	.
.	3	-1	.	.	1	1	$-1-2i$	.
.	.	-1	.	.	.	.	$-1+2i$	.

wobei $\omega = -\frac{1}{2} + i\frac{\sqrt{3}}{2}$.

Aufgabe 60 Sei $G = 2.S_4$ eine 2-blättrige Überlagerung von S_4. Es ist nicht notwendig, zu wissen, welche Gruppe dies ist, sondern es reicht aus, folgende Eigenschaften dieser Gruppe zu kennen:

1. Die Gruppe G hat 48 Elemente und das Zentrum von G besteht aus 2 Elementen e und $-e$, wobei e das neutrale Element bezeichnet.
2. Zusätzlich zu den zwei zentralen Elementen e und $-e$ hat G folgende Konjugationsklassen:

$$3A, \ 4A, \ 4B, \ 6A, \ 8A, \ 8B$$

   mit Mächtigkeiten 8, 6, 12, 8, 6, 6.
3. Es gilt:
$$6A = -3A \quad (\text{d.h. } 6A = (-e) \cdot 3A),$$
$$8A = -8B,$$
$$4A = -4A$$
$$\text{und} \quad 4B = -4B.$$

Die letzten zwei Konjugationsklassen projizieren sich auf Elemente der Ordnung 2 in S_4.
Finde die Charaktertafel der Gruppe G.
Hinweis: Für einen irreduziblen komplexen Charakter χ sei

$$s(\chi) = \frac{1}{|G|} \sum_{g \in G} \chi(g^2).$$

Man kann zeigen, dass $s(\chi)$ gleich 0, 1 oder -1 ist (siehe Kap. 15). Es gilt: Der Charakter χ ist reell (d. h. alle Werte von χ sind reell) genau dann, wenn $s(\chi)$ gleich 1 oder -1 ist.

Aufgabe 61 Sei G eine Gruppe mit 48 Elementen und mit 8 Konjugationsklassen

$$1A, 2A, 2B, 3A, 4A, 6A, 8A, 8B,$$

die Ordnungen 1, 1, 12, 8, 6, 8, 6 und 6 haben. Die Kommutatoruntergruppe von G besteht aus den Konjugationsklassen $1A$, $2A$, $3A$, $4A$ und $6A$.

Gegeben seien zwei Zeilen der Charaktertafel von G:

	1	1	12	8	6	8	6	6
	1A	2A	2B	3A	4A	6A	8A	8B
.	2	2	0	-1	2	-1	0	0
.	3	3	1	0	-1	0	-1	-1

Vervollständige die Charaktertafel von G.

Kapitel 14
Permutationsdarstellungen

Die Permutationsdarstellungen haben wir im Kap. 4 definiert (siehe auch das Beispiel im Kap. 8). In diesem Kapitel geht es um weitere Eigenschaften der Permutationsdarstellungen und um einige ihrer überraschenden Anwendungen.

Aufgaben

Aufgabe 62

a) Seien G eine endliche Gruppe und $H \leq G$ eine Untergruppe. Betrachte die Wirkung von G auf der Menge der Linksnebenklassen G/H durch Linksmultiplikation und die dazugehörige Permutationsdarstellung ρ über $\mathbb{C}$. Sei ferner triv_G die triviale eindimensionale Darstellung von G.
Zeige: Die Multiplizität von triv_G in ρ ist gleich 1.
Hinweis: Die Darstellung ρ ist isomorph zur induzierten Darstellung $\mathrm{Ind}_H^G(\mathrm{triv}_H)$, wobei triv_H die triviale eindimensionale Darstellung von H bezeichnet.

b) Sei G eine endliche Gruppe, die transitiv auf einer nicht leeren endlichen Menge X wirkt.
Zeige mit Hilfe von a): Es gilt $\sum_{g \in G} |\mathrm{Fix}_X(g)| = |G|$, wobei

$$\mathrm{Fix}_X(g) = \{x \in X \mid gx = x\}.$$

Hinweis: Eine transitive Wirkung von G auf X ist äquivalent zu einer Wirkung von G auf G/H, wobei $H = \mathrm{Stab}_G(x_0) := \{g \in G \mid gx_0 = x_0\}$ für ein $x_0 \in X$.

Aufgabe 63

a) Sei G eine endliche Gruppe, die auf einer endlichen Menge X zweifach transitiv[1] wirkt und sei $|X| \geq 2$.
 Zeige: G hat eine irreduzible komplexe Darstellung vom Grad $|X| - 1$.
b) (Steinberg-Darstellung). Sei q eine Primzahlpotenz.
 Zeige: Die Gruppe $\mathrm{GL}_2(q)$ hat eine irreduzible komplexe Darstellung vom Grad q.

Aufgabe 64 ([Isa, Aufgabe 5.13]). Seien G eine endliche Gruppe und $C_1, \ldots, C_s$ die Konjugationsklassen von G mit Repräsentanten $g_1, \ldots, g_s$. Sei ferner χ ein irreduzibler komplexer Charakter von G.

Zeige: $\sum_{i=1}^{s} \chi(g_i)$ ist eine natürliche Zahl oder 0.

Hinweis: Betrachte die Wirkung von G auf G durch Konjugation und die dazugehörige Permutationsdarstellung.

---

[1] Eine Gruppe G wirkt zweifach transitiv auf einer Menge X, wenn für alle $x_1, x_2 \in X$ mit $x_1 \neq x_2$ und für alle $y_1, y_2 \in X$ mit $y_1 \neq y_2$ ein Element $g \in G$ existiert, so dass $gx_1 = y_1$ und $gx_2 = y_2$ gilt.

Kapitel 15
Reelle Darstellungen

Der Schur[1]-Indikator einer irreduziblen komplexen Darstellung V einer endlichen Gruppe G ist definiert als

$$s(\chi) = \frac{1}{|G|} \sum_{g \in G} \chi(g^2),$$

wobei χ den Charakter von V bezeichnet.

---

[1] **Issai Schur** (10. Januar 1875, Mogilev, Kaiserreich Russland, jetzt Weißrussland – 10. Januar 1941, Tel Aviv, Palästina, jetzt Israel) war ein genialer Algebraiker, der in Deutschland (hauptsächlich in Berlin) tätig war. Er war Schüler von Frobenius. In 1919 wurde er zum ordentlichen Professor in Berlin ernannt. Im Jahr 1922 wurde Schur auf Vorschlag von Max Planck in die Preußische Akademie der Wissenschaften gewählt. Zu Schur's wissenschaftlichen Entdeckungen zählen das Lemma von Schur, der Schur-Index, der Schur-Multiplikator, der Satz von Schur–Zassenhaus und viele mehr. Ledermann erinnert in [Le] an die Vorlesungen von Schur: „Schur's lectures were exceedingly popular. I remember attending his algebra course which was held in a lecture theatre filled with about 400 students. Sometimes when I had to be content with a seat at the back of the lecture theatre, I used a pair of opera glasses to get at least a glimpse of the speaker". Seit 1933 wurde Schur der Verfolgung und Demütigung durch die Nationalsozialisten ausgesetzt. Er konnte allerdings nicht nachvollziehen, warum er in Deutschland nicht mehr willkommen ist, da er sich als Deutscher identifizierte, und hoffte und wartete auf eine baldige Änderung der Situation in Deutschland. Im Zuge dessen hat er mehrere Einladungen in die USA und nach Großbritannien abgelehnt. Im Jahr 1935 wurde Schur von seinem Lehrstuhl in Berlin endgültig entlassen. Im Jahr 1938 ist er, auf großen Druck hin, aus der Preußischen Akademie ausgetreten. Schur verließ Deutschland 1939 nach Palästina und starb zwei Jahre später geistig und körperlich gebrochen in vollem Elend.

Der Schur-Indikator (auch Frobenius–Schur-Indikator genannt) kann nur Werte $-1, 0$ oder 1 annehmen. Dabei besteht folgende Charakterisierung der Darstellung V in Abhängigkeit vom Schur-Indikator (siehe [Hup, §13]):

$s(\chi)$	Duale Darstellung	Ist V über $\mathbb{R}$ definiert?	Welche Darstellung ist über $\mathbb{R}$ definiert?
-1	$V^* \simeq V$	Nein	$V \oplus V$
0	$V^* \not\simeq V$	Nein	$V \oplus V^*$
1	$V^* \simeq V$	Ja	V

Den Schur-Indikator haben wir bereits in den Aufgaben 60 und 61 getroffen.

Aufgaben

Aufgabe 65 Sei G eine endliche Gruppe und für $g \in G$ sei

$$Q(g) = |\{x \in G \mid x^2 = g\}|$$

die Anzahl der Lösungen der Gleichung $x^2 = g$. Seien $\chi_1, \ldots, \chi_s$ die Charaktere aller irreduziblen komplexen Darstellungen von G.
Zeige:

a) Die Abbildung $Q: G \to \mathbb{Z}$ ist eine zentrale Funktion.

b) $Q(g) = \sum_{i=1}^{s} s(\chi_i) \chi_i(g)$, wobei $s(\chi_i) = \dfrac{1}{|G|} \sum_{h \in G} \chi_i(h^2)$ den Schur-Indikator bezeichnet.

Aufgabe 66 ([Isa, Aufgabe 6.13]). Sei G eine endliche Gruppe. Betrachte die Mengen

$$A = \{\text{die Charaktere } \chi \text{ von irreduziblen komplexen}$$
$$\text{Darstellungen von } G \text{ mit } \chi(g) \in \mathbb{R} \text{ für alle } g \in G\}$$

und

$$B = \{\text{die Konjugationsklassen } C \text{ von } G \text{ mit } C = C^{-1}\}.$$

Zeige: Die Mengen A und B sind gleichmächtig.
Hinweis: Wähle Repräsentanten $g_1, g_2, \ldots, g_s$ aller Konjugationsklassen von G und betrachte die Charaktere $\chi_1, \chi_2, \ldots, \chi_s$ der irreduziblen komplexen Darstellungen von G. Untersuche die invertierbare Matrix

$$R = (\chi_i(g_j))_{1 \leq i,j \leq s} \in M_s(\mathbb{C})$$

und benutze, dass $\chi_i(g_j^{-1}) = \overline{\chi_i(g_j)}$.

Kapitel 16
Nicht-kommutative diskrete Fourier-Transformation

Seien K ein algebraisch abgeschlossener Körper der Charakteristik 0 und G eine endliche Gruppe.

Seien $\varphi, \psi \in K[G]$. Es sei daran erinnert, dass wir zwei äquivalente Interpretationen der K-Algebra $K[G]$ haben: einmal in der Sprache formaler K-linearer Kombinationen der Elemente der Gruppe G und einmal in der Sprache der Funktionen $G \to K$ (siehe Kap. 3).

Im ersten Fall bezeichnen wir das Produkt zweier Elemente in $K[G]$ wie in Formel (3.2) im Kap. 3 und im zweiten Fall bezeichnen wir das Produkt von Funktionen φ und ψ in der K-Algebra $K[G]$ mit

$$\varphi * \psi : G \to K.$$

Konkret sieht dieses Produkt wie folgt aus:

$$(\varphi * \psi)(g) = \sum_{h \in G} \varphi(h) \psi(h^{-1} g)$$

für alle $g \in G$. Diese Formel sieht ziemlich kompliziert aus und erfordert eine beträchtliche Anzahl von arithmetischen Operationen, um das Produkt zweier Funktionen in $K[G]$ zu berechnen.

Bevor wir dieses Problem weiter untersuchen werden, beschäftigen wir uns zunächst mit einem Spezialfall einer zyklischen Gruppe $G = C_n$ der Ordnung n.

Beispiel Seien $G = C_n$ und x ein Erzeuger von G. Die Multiplikation in $K[G]$ ist durch die zyklische Faltung gegeben:

$$(a_0 + a_1 x + \ldots a_{n-1} x^{n-1})(b_0 + b_1 x + \ldots b_{n-1} x^{n-1}) = \sum_{i,j} a_i b_j x^{i+j \bmod n},$$

wobei $a_i, b_j \in K$ sind. Diese Formel sieht ziemlich rechenaufwendig aus.

Andererseits gilt nach Aufgabe 8a):

$$K[G] \simeq K[x]/(x^n - 1).$$

Da unser Körper algebraisch abgeschlossen ist und die Charakteristik 0 hat, zerfällt das Polynom $x^n - 1$ in Produkt von n linearen Faktoren:

$$x^n - 1 = \prod_{\zeta^n = 1} (x - \zeta).$$

Der Chinesische Restsatz impliziert sofort, dass

$$K[G] \simeq \underbrace{K \times \ldots \times K}_{n\text{-mal}} = K^n \qquad (16.1)$$

ist. Es handelt sich hier um einen Isomorphismus von zwei K-Algebren, wobei das Produkt in der Algebra K^n auf der rechten Seite wie gewohnt komponentenweise ist und viel weniger arithmetischen Operationen erfordert – das Produkt kann sogar durch die Trennung der Komponenten auf einem Parallelrechner effizient berechnet werden.

Diese Idee liegt der Fourier-Transformation zu Grunde: Die Fourier-Transformation ist ein Ringhomomorphismus, der eine Faltung (eine „komplizierte Multiplikation") in eine punktweise Multiplikation verwandelt. Dies gilt genau so für Analysis wie für Algebra[1].

Bevor wir dieses Beispiel abschließen, schauen wir uns noch den Isomorphismus (16.1) im Falle $K = \mathbb{C}$ genauer an.

Sei $f = a_0 + a_1 x + \ldots + a_{n-1} x^{n-1} \in \mathbb{C}[G]$. Wir repräsentieren das Polynom f als den Tupel seiner Koeffizienten: $(a_0, a_1, \ldots, a_{n-1})$. Der Isomorphismus (diskrete Fourier-Transformation)

$$\mathbb{C}[G] \xrightarrow{\simeq} \mathbb{C} \times \ldots \times \mathbb{C}$$

ist durch die Evaluierung von f in allen komplexen n-ten Einheitswurzeln gegeben. Die k-te Komponente ($k = 0, 1, \ldots, n-1$) im Bild ist durch

$$(a_0, a_1, \ldots, a_{n-1}) \mapsto \sum_{j=0}^{n-1} a_j e^{-\frac{2\pi i}{n} kj}$$

gegeben.

---

[1] Ein Beispiel einer Fourier-Transformation aus der Zahlentheorie ist der Homomorphismus aus dem Ring aller arithmetischen Funktionen mit der Dirichlet-Faltung in den Ring der Dirichlet-Reihen mit gewöhnlicher Multiplikation, der eine arithmetische Funktion $f: \mathbb{N} \to \mathbb{C}$ auf die Dirichlet-Reihe $\sum_{n \in \mathbb{N}} \frac{f(n)}{n^s}$ schickt.

Der inverse Isomorphismus (inverse diskrete Fourier-Transformation)

$$\mathbb{C}[G] \xleftarrow{\sim} \mathbb{C} \times \ldots \times \mathbb{C}$$

ist das klassische Interpolationsproblem, wobei wir ein Polynom vom Grad $\leq n-1$ finden sollen, das vorgegebene Werte in allen komplexen n-ten Einheitswurzeln hat. Der Koeffizient von x^k ($k = 0, 1, \ldots, n-1$) des Polynoms im Bild des inversen Isomorphismus ist durch

$$\frac{1}{n} \sum_{j=0}^{n-1} c_j e^{\frac{2\pi i}{n} k j} \leftarrow\!\!\shortmid (c_0, c_1, \ldots, c_{n-1})$$

gegeben.

Es fällt dabei sofort auf, wie ähnlich die Formeln für die direkte und für die inverse Fourier-Transformation im zyklischen Fall aussehen. Wir werden gleich sehen, dass es im nicht-kommutativen Fall nicht mehr so ist.

Wir bemerken noch am Rande, dass allgemein die Lösung eines Interpolationsproblems auf ein lineares Gleichungssystem mit einer Vandermonde-Matrix zurückgeführt werden kann. In unserem Fall besteht diese Vandermonde-Matrix aus komplexen n-ten Einheitswurzeln und stimmt (möglicherweise bis auf die Transposition und die Reihenfolge der Zeilen oder Spalten) mit der Charaktertafel der zyklischen Gruppe C_n überein. Dies ist natürlich kein Zufall.

Wir widmen uns jetzt dem allgemeinen nicht kommutativen Fall.

Sei G eine endliche Gruppe und $\rho\colon G \to \mathrm{GL}(V_\rho)$ eine irreduzible Darstellung von G auf einem K-Vektorraum V_ρ. Dann ist V_ρ ein $K[G]$-Modul, d.h. wir haben einen Ringhomomorphismus $K[G] \to \mathrm{End}_K(V_\rho)$, der ein Element $g \in G$ auf den Endomorphismus $\rho(g)$ abbildet.

Wir nehmen nun alle irreduziblen Darstellungen von G zusammen und bekommen einen Homomorphismus von K-Algebren:

$$K[G] \to \prod_{\rho \in \mathrm{Irr}(G)} \mathrm{End}_K(V_\rho)$$

$$\varphi \mapsto \widehat{\varphi},$$

wobei wir hier φ als eine Funktion $\varphi\colon G \to K$ betrachten und die ρ-te Komponente von $\widehat{\varphi}$ durch $\sum_{g \in G} \varphi(g) \rho(g)$ gegeben ist.

Die Zuordnung $\varphi \mapsto \widehat{\varphi}$ heißt die diskrete nicht-kommutative Fourier-Transformation. Ein berühmter Satz von Burnside besagt, dass die Fourier-Transformation ein Isomorphismus von K-Algebren $K[G]$ und $\prod_{\rho \in \mathrm{Irr}(G)} \mathrm{End}_K(V_\rho)$ definiert ([Ser1, Proposition 10, § 6.2, Kap. 6]). Die K-Algebren $\mathrm{End}_K(V_\rho)$ sind offensichtlich zu Matrixalgebren $M_{\dim V_\rho}(K)$ isomorph. Damit ist die K-Algebra $K[G]$ isomorph zu einem Produkt von Matrixalgebren mit der gewöhnlichen komponentenweisen Multiplikation.

Die inverse Fourier-Transformation (d. h. der inverse Isomorphismus) ist konkret wie folgt gegeben ([Ser1, Proposition 11, §6.2, Kap. 6]): Sei $\xi \in \prod_{\rho \in \mathrm{Irr}(G)} \mathrm{End}_K(V_\rho)$. Dann ist die Fourier-Transformierte $\widehat{\xi} \colon G \to K$ wie folgt definiert:

$$\widehat{\xi}(g) = \sum_{\rho \in \mathrm{Irr}(G)} \frac{\dim V_\rho}{|G|} \mathrm{Tr}(\xi_\rho \cdot \rho(g^{-1}))$$

für alle $g \in G$, wobei ξ_ρ die ρ-te Komponente von ξ bezeichnet. Es gilt

$$\widehat{\widehat{\varphi}} = \varphi, \ \widehat{\widehat{\xi}} = \xi \text{ und } \widehat{\varphi * \psi} = \widehat{\varphi} \cdot \widehat{\psi}$$

für alle $\varphi, \psi \in K[G]$ und $\xi \in \prod_{\rho \in \mathrm{Irr}(G)} \mathrm{End}_K(V_\rho)$.

Die nicht-kommutative Fourier-Transformation ist ein mächtiges Werkzeug in der Darstellungstheorie. Sie hat weitreichende Anwendungen in weiteren Gebieten der Mathematik, insbesondere in der Wahrscheinlichkeitstheorie, genauer gesagt bei der Untersuchung von Irrfahrten, siehe [Di, Ha].

Als Nächstes schränken wir die Fourier-Transformation auf die Zentren der K-Algebren $K[G]$ bzw. $\prod_{\rho \in \mathrm{Irr}(G)} \mathrm{End}_K(V_\rho)$ ein.

Seien $C_1, \ldots, C_s$ alle Konjugationsklassen von G. Das Zentrum von $K[G]$ hat eine K-Basis $\{K_i, i = 1, \ldots, s\}$ mit $K_i = \sum_{g \in C_i} g$. Sei nun $\rho \in \mathrm{Irr}(G)$. Wir betrachten die ρ-te Komponente $(\widehat{K_i})_\rho \in \mathrm{End}_K(V_\rho)$ der Fourier-Transformierten von K_i.

Da K_i im Zentrum von $K[G]$ liegt, liegt $(\widehat{K_i})_\rho$ im Zentrum von $\mathrm{End}_K(V_\rho)$, das bekanntermaßen aus Skalarmatrizen besteht. Es gilt also $(\widehat{K_i})_\rho = \lambda \cdot \mathrm{id}_{V_\rho}$ für ein Element $\lambda \in K$, das von ρ und i abhängt.

Es ist nicht schwer die Fourier-Transformation von K_i explizit auszurechnen und das Skalar λ zu finden. Es gilt nämlich

$$\lambda = \frac{|C_i| \chi(g_i)}{\chi(1)},$$

wobei χ den Charakter der Darstellung ρ bezeichnet und $g_i \in C_i$ ein beliebiger Repräsentant der Konjugationsklasse C_i ist.

Wir erhalten damit einen nützlichen Homomorphismus von K-Algebren (siehe [Isa, Formel vor Theorem 3.7, S. 36]):

$$\omega_\chi \colon \mathrm{Cent}(K[G]) \to K$$
$$K_i \mapsto \frac{|C_i| \cdot \chi(g_i)}{\chi(1)}.$$

Wir bemerken am Rande, dass die Homomorphismen ω_χ eine wichtige Rolle sowohl im Beweis des Satzes 18 aus dem Kap. 10 als auch im Beweis des pq-Satzes[2] von Burnside spielen.

In den folgenden Übungsaufgaben werden weitere Anwendungen dieser Homomorphismen untersucht.

Aufgaben

Aufgabe 67 ([Isa, Aufgaben 3.13 und 3.14]). Seien G eine endliche Gruppe und $C_1, \ldots, C_s$ alle ihre Konjugationsklassen mit Repräsentaten $g_1, \ldots, g_s \in G$. Setze

$$K_i = \sum_{g \in C_i} g \in \mathbb{C}[G].$$

a) Angenommen, es existiere $c \in \mathbb{C}$, so dass

$$\sum_{i=1}^s K_i = c \cdot \prod_{i=1}^s K_i. \tag{16.2}$$

Zeige: Die Gruppe G ist perfekt.
Hinweis: Es genügt zu zeigen, dass für jeden irreduziblen nicht trivialen Charakter χ von G ein Element $g \in G$ existiert mit $\chi(g) = 0$. Betrachte den Homomorphismus von $\mathbb{C}$-Algebren

$$\omega_\chi : \text{Cent}(\mathbb{C}[G]) \to \mathbb{C}$$
$$K_i \mapsto \frac{|C_i| \cdot \chi(g_i)}{\chi(1)},$$

Berechne dann ω_χ von beiden Seiten der Identität (16.2).
b) Sei die Gruppe G perfekt.
Zeige: es existiert eine Konstante $c \in \mathbb{Q}$, sodass

$$\sum_{i=1}^s K_i = c \cdot \prod_{i=1}^s K_i.$$

---

[2] Der pq-Satz von Burnside besagt Folgendes: Seien p und q zwei Primzahlen und $a, b \in \mathbb{N}_0$. Dann ist jede Gruppe der Ordnung $p^a q^b$ auflösbar. Insbesondere gilt: falls eine solche Gruppe nicht abelsch ist, dann ist sie nicht einfach. Die Formulierung dieses Satzes hat nichts mit der Darstellungstheorie zu tun. Ein äußerst eleganter historisch erster Beweis dieses Satzes von Burnside benutzt allerdings die Methoden der Darstellungstheorie. Viel später hat man zwar einen anderen Beweis gefunden, der keine Darstellungstheorie benutzt (Helmut Bender, [Ben], 1972), dieser Beweis ist allerdings äußerst schwierig und technisch und daher schwer zugänglich.

16 Nicht-kommutative diskrete Fourier-Transformation

Aufgabe 68 ([Isa, Aufgabe 3.9]). Seien G eine endliche Gruppe und $C_1, \ldots, C_s$ alle ihre Konjugationsklassen mit Repräsentanten $g_1, \ldots, g_s$. Setze

$$K_i = \sum_{g \in C_i} g \in \mathbb{C}[G].$$

Definiere die Strukturkonstanten $a_{ij}^k \in \mathbb{N}_0$ von $\mathrm{Cent}(\mathbb{C}[G])$ durch folgende Identitäten: $K_i K_j = \sum_k a_{ij}^k K_k$.

Zeige:

$$a_{ij}^k = \frac{|C_i||C_j|}{|G|} \sum_{\chi \in \mathrm{Irr}(G)} \frac{\chi(g_i)\chi(g_j)\overline{\chi(g_k)}}{\chi(1)}.$$

Aufgabe 69 ([Isa, Aufgabe 3.10b]). Seien G eine endliche Gruppe und $g \in G$.

Zeige, dass folgende Aussagen äquivalent sind:

a) $g = [x, y]$ für irgendwelche $x, y \in G$ (d.h. g ist ein Kommutator).
b) $\sum_{\chi \in \mathrm{Irr}(G)} \frac{\chi(g)}{\chi(1)} \neq 0$.

Aufgabe 70 ([Isa, Aufgabe 3.11]). Seien G eine endliche Gruppe und $g \in G$ ein Kommutator. Sei ferner $m \in \mathbb{Z}$ eine ganze Zahl, die zur Ordnung von g teilerfremd ist.

Zeige: g^m ist auch ein Kommutator.

Hinweis: Benutze Aufgabe 69 und den Hinweis zu Aufgabe 51.

Kapitel 17
Frobeniusgruppen

Sei G eine endliche Gruppe und $1 \neq H < G$ eine echte Untergruppe von G. Wenn für alle $g \in G \setminus H$ der Schnitt

$$H \cap gHg^{-1} = 1$$

ist, dann heißt H ein *Frobeniuskomplement* von G. Eine Gruppe G heißt eine Frobeniusgruppe[1], wenn sie ein Frobeniuskomplement enthält.

Frobeniusgruppen haben folgende wichtige Eigenschaft ([Hup, Theorem 16.1]). Definiere eine Teilmenge $N \subset G$ als

$$N = \left(G \setminus \bigcup_{g \in G} gHg^{-1} \right) \cup \{1\}.$$

Dann ist N ein Normalteiler von G und G ist ein semidirektes Produkt $N \rtimes H$. Die Untergruppe N heißt ein *Frobeniuskern* von G.

---

[1] **Ferdinand Georg Frobenius** (26. Oktober 1849, Berlin – 3. August 1917, Berlin) ein genialer Mathematiker, Gründer der Darstellungstheorie, kann sogar als Gründer der Gruppentheorie als einer selbständigen Disziplin, so wie wir sie jetzt kennen, gesehen werden. Nach ihm sind die Frobenius-Normalform der Matrizen, der Frobenius-Endomorphismus, mehrere Sätze aus der Gruppentheorie und weiteres benannt. Frobenius gehörte der Berliner Mathematiker-Schule an, die von Ernst Kummer, Karl Weierstraß (der Doktorvater von Frobenius), Leopold Kronecker und anderen bedeutenden Mathematikern am Ende des XIX. Jahrhunderts geprägt wurde. Bekanntermaßen bestand damals eine anhaltende Rivalität zwischen den mathematischen Zentren in Berlin und Göttingen. Am Ende des XIX. Jahrhunderts war Berlin, mathematisch gesehen, Göttingen überlegen. Der Generationenwechsel hat allerdings solche Persönlichkeiten wie Felix Klein und David Hilbert nach Göttingen gebracht. Trotz seiner mathematischen Talente war Frobenius organisatorisch und strategisch nicht so geschickt, was nicht zuletzt dazu beigetragen hat, dass Göttingen diesen Konkurrenzkampf für sich entscheiden konnte.

Irreduzible komplexe Darstellungen einer Frobeniusgruppe G können aus den Darstellungen von H und N rekonstruiert werden ([Isa, Theorem 6.34], [Hup, Theorem 18.7]):

Jede irreduzible komplexe Darstellung von H induziert mithilfe der Inflation eine irreduzible Darstellung von G (denn $G/N \simeq H$).

Jede nicht triviale irreduzible komplexe Darstellung W von N gibt mithilfe der Induktion eine irreduzible Darstellung $\mathrm{Ind}_H^G(W)$ von G.

Alle irreduziblen Darstellungen von Frobeniusgruppen entstehen auf diese Weise.

Aufgaben

Aufgabe 71 Bekanntermaßen erfüllt jede Charaktertafel eine große Reihe von kombinatorischen Einschränkungen, beispielsweise Orthogonalitätsrelationen.

Angenommen, es gäbe eine Matrix, für die sämtliche Relationen einer Charaktertafel gelten. Existiert dann eine Gruppe, zu der diese Charaktertafel gehört[2]?

Das Ziel dieser Aufgabe ist, diese Frage negativ zu beantworten.

Sei G eine Frobeniusgruppe der Form $C_7 \rtimes S_3$ mit 42 Elementen[3] mit dem Frobeniuskern C_7 und dem Frobeniuskomplement S_3.

Konstruiere ihre Charaktertafel.

Zeige danach, dass keine Gruppe mit dieser Charaktertafel existiert.

---

[2] Aus historischer Perspektive gibt es Beispiele für den anderen Fall: So wurde die Charaktertafel der Fischer–Griess Monstergruppe (das ist die größte einfache sporadische Gruppe) gefunden, bevor die Gruppe selbst konstruiert war.

[3] Die Zahl 42 ist offensichtlich sehr beliebt. Sie taucht auf prominente Weise in den Werken von Lewis Carroll auf oder bei William Shakespeare in „Romeo and Juliet": „And in this borrowed likeness of shrunk death Thou shalt continue two and forty hours, And then awake as from a pleasant sleep".

Kapitel 18
McKay Korrespondenz

Vnd die Halle fur der weite des Hauses her / war zwenzig ellenlang / Die höhe aber war hundert vnd zwenzig ellen / Vnd vberzogs inwendig mit lauterm gold.
Lutherbibel 1545, 2. Buch der Chronik, 3:4.

Im Verlauf dieses Buches haben wir immer wieder Symmetriegruppen der platonischen Körper und verwandte Gruppen getroffen.

In diesem Kapitel, das keine Übungsaufgaben enthält, möchten wir alle diese Gruppen noch einmal zusammenbringen und die Theorie aus dieser Sicht systematisieren.

Für dieses Kapitel setzen wir die Grundlagen der Theorie der algebraischen Gruppen und insbesondere solche Begriffe wie Weyl-Gruppe, Coxeter-Gruppe, Coxeter-Zahl, (affines) Dynkin Diagramm und Wurzelsysteme als bekannt voraus. Als Hintergrundliteratur empfehlen wir [Hu], [Ser2], [Ser3] und [Inv]. Aber auch der Leser, dem diese Theorie noch nicht bekannt ist, wird diesem Kapitel zum größten Teil folgen können und soll es insbesondere als Motivation zum tieferen Studium dieser sehr reichen Theorie nehmen. Für solche Leser haben wir auch einige Fußnoten eingebaut, die zumindest teilweise einige Begriffe aus der Theorie der algebraischen Gruppen erläutern.

John McKay hat eine erstaunliche Korrespondenz zwischen irreduziblen Darstellungen endlicher Untergruppen der kompakten Lie-Gruppe Spin(3) und Dynkin-Diagrammen vom Typ A, D und E entdeckt, die wir in diesem Kapitel präsentieren möchten ([MK]).

Die Gruppe Spin(3) ist eine 2-blättrige Überlagerung der kompakten Gruppe SO(3) aller Drehmatrizen in $\mathbb{R}^3$. Sie hat auch andere Interpretationen. Es gelten nämlich folgende Isomorphismen:

$$\text{Spin}(3) \simeq \text{SU}(2) \simeq \text{Sp}(1)$$

mit der kompakten speziellen unitären bzw. mit der kompakten symplektischen Gruppe (in der Sprache der Dynkin-Diagramme sind das die Ausnahmeisomorphismen $B_1 = A_1 = C_1$).

Die endlichen Untergruppen von Spin(3) wurden von Felix Klein[1] klassifiziert. Wir werden uns auf die drei Ausnahmegruppen aus der Liste der endlichen Untergruppen von Spin(3) fokussieren, nämlich, auf die binäre Tetraeder-, binäre Oktaeder- und binäre Ikosaeder-Gruppe. Diese Gruppen sind Spezialfälle der binären von Dyck-Gruppen, d. h. sie haben eine Präsentation von der Form

$$\langle a, b, c \mid a^p = b^q = (ab)^r = abc \rangle.$$

Dabei ist (p, q, r) gleich $(2, 3, 3)$ für die binäre Tetraedergruppe, $(2, 3, 4)$ für die binäre Oktaedergruppe und $(2, 3, 5)$ für die binäre Ikosaedergruppe. Die Ordnung dieser Gruppen kann mit Hilfe der Formel $\frac{4}{\frac{1}{p}+\frac{1}{q}+\frac{1}{r}-1}$ berechnet werden (diese Formel funktioniert für alle Parameter $p, q, r \geq 2$, solange $\frac{1}{p} + \frac{1}{q} + \frac{1}{r} > 1$ ist, sonst ist die binäre von Dyck-Gruppe unendlich).

Wir bemerken noch am Rande, dass die $(2, 2, n)$ (mit $n \geq 2$) binären von Dyck-Gruppen der Ordnung $4n$ dizyklische Gruppen heißen. Sie sind 2-blättrige Überlagerungen der Diedergruppen D_n der Ordnung $2n$. Für $n = 2$ ist die dizyklische Gruppe isomorph zur Quaternionengruppe Q_8. Ferner haben wir eine dizyklische Gruppe der Ordnung 12 (für $n = 3$) in der Lösung zu Aufgabe 57 gesehen.

Nun beschäftigen wir uns mit der ersten Ausnahmegruppe aus der Liste von Felix Klein, nämlich mit der binären Tetraedergruppe.

Binäre Tetraedergruppe
Die binäre Tetraedergruppe ist die Gruppe[2] $2.A_4 \simeq SL_2(3)$ der Ordnung 24. Das ist **nicht** die Gruppe aller Symmetrien eines Tetraeders (die Symmetrien eines Tetraeders bilden eine Gruppe, die isomorph zu S_4 ist. Sie hat ebenfalls die Ordnung

---

[1] Genauer gesagt klassifiziert Felix Klein in [Klein1, § 1] alle endlichen Untergruppen von SO(3). Das ist allerdings im Wesentlichen dasselbe Problem. Klein erwähnt zunächst endliche Gruppen, die wir heute als Diedergruppen kennen, und schreibt weiter: „Dann aber gehören hierher die Gruppen derjenigen Rotationen, welche die *regulären Körper:* Tetraeder, Oktaeder, Ikosaeder, oder, was auf dasselbe hinauskommt: Tetraeder, Würfel, Pentagondodekaeder, mit sich selbst zur Deckung bringen (...) Ich werde nun zeigen, *daß mit diesen Beispielen alle Gruppen der geforderten Beschaffenheit bereits angegeben sind.*" Wir bemerken noch, dass Johann Hessel im Jahr 1830 alle 32 kristallographischen Punktgruppen klassifiziert hat. Es liegt der Gedanke nahe, dass die endlichen Untergruppen von SO(3) ihm ebenfalls bekannt waren.

[2] Wir benutzen Bezeichnungen aus [ATLAS]. Zum Beispiel, wenn A und B Gruppen sind, dann bezeichnet $A.B$ jede Gruppe mit einem Normalteiler, der zu A isomorph ist, und mit der entsprechenden Faktorgruppe, die isomorph zu B ist. Die Gruppe $A : B$ bezeichnet eine zerfallende Erweiterung (d. h. ein semidirektes Produkt $A \rtimes B$) und $A \times B$ bezeichnet das direkte Produkt. Es werden ferner Zahlen für zyklische Gruppen entsprechender Ordnung benutzt (zum Beispiel $S_4 \simeq A_4.2$) oder ein Ausdruck wie 3^2, um das direkte Produkt von zwei zyklischen Gruppen der Ordnung 3 zu bezeichnen.

24. In diesem Kontext wird sie mit der Weylgruppe $W(A_3)$ des Wurzelsystems vom Dynkin-Typ A_3 identifiziert).

Die binäre Tetraedergruppe besteht aus den Einheiten des Ringes der Hurwitzquaternionen[3], nämlich aus[4]

$$\{\pm 1, \pm i, \pm j, \pm k, \tfrac{1}{2}(\pm 1 \pm i \pm j \pm k)\}.$$

Wir bemerken auch, dass $A_4 \simeq \mathrm{PSL}_2(3)$ ist.

Wir erwähnen noch kurz einen interessanten Zusammenhang der binären Tetraedergruppe mit einer Liouville-Identität.

Liouville-Identität

Ein eleganter Beweis von Liouville in [L, S. 112 ff.] besagt, dass jede natürliche Zahl eine Summe von höchstens 53 vierten Potenzen natürlicher Zahlen ist, basiert auf der folgenden Formel, einer Liouville-Identität. Wir haben diesen Beweis aus dem Artikel [V, Abschn. 5.1] gelernt. Da dieser Artikel in russischer Sprache verfasst ist, geben wir den Inhalt entsprechendes Abschnittes hier kurz wieder.

Angenommen, es gelte

$$2n = x^2 + y^2 + z^2 + w^2. \tag{18.1}$$

Die Liouville-Identität besagt dann:

$$\begin{aligned}
6n^2 = & x^4 + y^4 + z^4 + w^4 + \left(\tfrac{1}{2}(x+y+z+w)\right)^4 + \left(\tfrac{1}{2}(x+y+z-w)\right)^4 \\
& + \left(\tfrac{1}{2}(x+y-z+w)\right)^4 + \left(\tfrac{1}{2}(x-y+z+w)\right)^4 + \left(\tfrac{1}{2}(x+y-z-w)\right)^4 \\
& + \left(\tfrac{1}{2}(x-y+z-w)\right)^4 + \left(\tfrac{1}{2}(x-y-z+w)\right)^4 + \left(\tfrac{1}{2}(x-y-z-w)\right)^4.
\end{aligned}$$

Der Leser kann sofort erkennen, dass die 12 Ausdrücke auf der rechten Seite dieser Identität zusammen mit den gleichen Ausdrücken mit negativem Vorzeichen genau die Elemente der binären Tetraedergruppe repräsentieren.

---

[3] Hurwitzquaternionen sind Elemente $a + bi + cj + dk$ in der Quaternionenalgebra $\mathbb{H}$, wobei entweder alle Koeffizienten a, b, c, d gleichzeitig ganz oder gleichzeitig halbganz sind, d.h. $(a, b, c, d) \in \mathbb{Z}^4$ oder $(\tfrac{1}{2} + \mathbb{Z})^4$. Insbesondere ist die Norm und die Spur aller Hurwitzquaternionen ganz. In diesem Sinne besteht eine gewisse Analogie zwischen den Hurwitzquaternionen und den Ringen der ganzen Zahlen in quadratischen Zahlkörpern.

[4] Diese Elemente, wenn wir sie als Vektoren in $\mathbb{R}^4$ betrachten, bilden das Wurzelsystem vom Dynkin-Typ D_4. Die konvexe Hülle dieser Vektoren bildet den berühmten 24-Zeller, der 24 Ecken, 24 Zellen, 96 Kanten und 96 Flächen besitzt und die Symmetriegruppe $W(F_4)$ hat (die Weylgruppe des Wurzelsystems F_4). Eigentlich besteht das Wurzelsystem F_4 aus 48 Vektoren: aus den Ecken des 24-Zellers und seines Dualen.

Nach dem berühmten Vier-Quadrate-Satz von Lagrange ist jede natürliche Zahl eine Summe von höchstens 4 Quadraten natürlicher Zahlen. Deswegen impliziert die Liouville-Identität, dass jedes Vielfaches von 6 eine Summe von höchstens $12 \cdot 4 = 48$ vierten Potenzen ist. Da allerdings alle Reste 0, 1, 2, 3, 4, 5 modulo 6 Summen von höchstens 5 vierten Potenzen 1^4 sind, kann jede natürliche Zahl als eine Summe von höchstens $48 + 5 = 53$ vierten Potenzen natürlicher Zahlen dargestellt werden.

Als Nächstes schauen wir uns die Charaktertafel der binären Tetraedergruppe an:

Charaktertafel der binären Tetraedergruppe $2.A_4$

	1	1	4	4	6	4	4
	1A	2A	3A	3B	4A	6A	6B
χ_0	1	1	1	1	1	1	1
χ_1	1	1	ω^2	ω	1	ω^2	ω
χ_2	1	1	ω	ω^2	1	ω	ω^2
$\rho := \chi_3$	2	-2	-1	-1	0	1	1
χ_4	2	-2	$-\omega^2$	$-\omega$	0	ω^2	ω
χ_5	2	-2	$-\omega$	$-\omega^2$	0	ω	ω^2
χ_6	3	3	0	0	-1	0	0

In dieser Charaktertafel ist $\omega = e^{2\pi i/3}$ und ρ ist die Einbettung von $2.A_4$ in $\mathrm{SL}_2(\mathbb{C})$ (beachte, dass beim Übergang von den reellen zu komplexen Zahlen aus der Gruppe Spin(3) die Gruppe $\mathrm{SL}_2(\mathbb{C})$ entsteht).

Beachte auch, dass die Darstellungen mit den Charakteren χ_4 und χ_5 die binäre Tetraedergruppe in $\mathrm{GL}_2(\mathbb{C})$, aber nicht in $\mathrm{SL}_2(\mathbb{C})$ einbetten. Dies kann man leicht mithilfe von Aufgabe 35 und des Satzes 13 aus Kap. 7 zeigen.

McKay folgend ordnen wir irreduzible Charaktere wie folgt an:

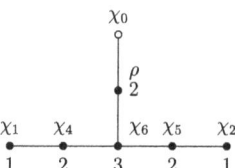

Dabei haben wir folgende Regel angewandt: Die Ecken des Diagramms korrespondieren mit den irreduziblen Charakteren der binären Tetraedergruppe. Zusätzlich werden die Grade entsprechender Charaktere in jede Ecke platziert. Für die Kanten gilt:

$$\rho \cdot \chi_i = \sum_j \chi_j,$$

wobei die Summe über alle Nachbarn der Ecke χ_i verläuft. Zum Beispiel, $\rho \cdot \chi_6 = \rho + \chi_4 + \chi_5$ oder $\rho \cdot \rho = \chi_0 + \chi_6$. Natürlich gibt es keine Garantie, dass diese Methode immer funktioniert, sie tut es aber im Falle der binären Tetraedergruppe.

Dabei fällt es sofort auf, dass so entstandene Diagramm, der McKay Graph der binären Tetraedergruppe, nichts anderes ist als das affine Dynkin-Diagramm vom Typ E_6. Ferner sind die Zahlen (die Dimensionen der Darstellungen) in den Ecken genau die Koeffizienten der höchsten Wurzel im Wurzelsystem E_6!

Als Nächstes betrachten wir die zweite Ausnahmegruppe aus der Liste von Felix Klein.

Binäre Oktaedergruppe

Die binäre Oktaedergruppe ist eine Gruppe vom Typ $2.S_4$ der Ordnung 48. Sie ist **nicht** die Gruppe aller Symmetrien eines Oktaeders (die Symmetrien eines Oktaeders bilden eine Gruppe, die isomorph zu $S_4 \times 2 \simeq 2^3 : S_3 = W(B_3)$ ist, wobei $W(B_3)$ die Weylgruppe des Wurzelsystems B_3 bezeichnet).

Beachte, dass die Gruppe $GL_2(3)$, ebenfalls eine Gruppe der Ordnung 48, auch nicht zur binären Oktaedergruppe isomorph ist. Ihre Charaktertafeln sehen sehr ähnlich aus, sind aber verschieden. Beide, die binäre Oktaedergruppe und $GL_2(3)$, sind 2-blättrige Überlagerungen von S_4. Die Kommutatoruntergruppe der binären Oktaedergruppe ist isomorph zu[5] $SL_2(3)$.

Konkret kann die binäre Oktaedergruppe innerhalb der Gruppe $Sp(1)$ aller Hamiltonschen Quaternionen der Norm 1 realisiert werden. Sie ist nämlich eine Untergruppe der Einheiten $\mathbb{H}^*$, die von den Elementen $\omega = \frac{1}{2}(-1 + i + j + k)$ und $\theta = \frac{1+i}{\sqrt{2}}$ erzeugt ist.

Die Charaktertafel der binären Oktaedergruppe sieht wie folgt aus:

Charaktertafel der binären Oktaedergruppe $2.S_4$

	1	1	8	6	12	8	6	6
	1A	2A	3A	4A	4B	6A	8A	8B
χ_0	1	1	1	1	1	1	1	1
χ_1	1	1	1	1	−1	1	−1	−1
χ_2	2	2	−1	2	0	−1	0	0
$\rho := \chi_3$	2	−2	−1	0	0	1	$\sqrt{2}$	$-\sqrt{2}$
χ_4	2	−2	−1	0	0	1	$-\sqrt{2}$	$\sqrt{2}$
χ_5	3	3	0	−1	1	0	−1	−1
χ_6	3	3	0	−1	−1	0	1	1
χ_7	4	−4	1	0	0	−1	0	0

Für ρ nehmen wir eine Einbettung der binären Oktaedergruppe in $SL_2(\mathbb{C})$, d. h. entweder die Darstellung mit dem Charakter χ_3 oder χ_4 (es gibt zwei verschiedene Einbettungen der binären Oktaedergruppe in $SL_2(\mathbb{C})$). Da das Ergebnis dabei bis auf eine Umnummerierung gleich bleibt, nehmen wir $\rho = \chi_3$.

---

[5] Die Gruppe $SL_2(3)$ ist exzeptionell in dem Sinne, dass sie im Gegensatz zu den Gruppen $SL_2(q)$ mit $q > 3$ nicht perfekt ist. Ihre Kommutatoruntergruppe ist isomorph zur Quaternionengruppe Q_8.

Beachte auch, dass die Darstellung χ_2, ebenfalls vom Grad 2, nicht treu ist (dies folgt sofort aus der Formel (6.1) im Kap. 6).

Genauso wie im Falle des Tetraeders können wir, McKay folgend, irreduzible Darstellungen der binären Oktaedergruppe in einem Diagramm, dem McKay Graph der binären Oktaedergruppe, darstellen:

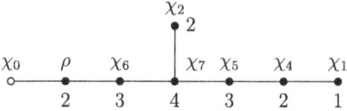

Dabei fällt es sofort auf, dass dieses Diagramm samt Markierungen an den Ecken die höchste Wurzel des Wurzelsystems E_7 repräsentiert!

Schließlich betrachten wir die letzte Untergruppe von Spin(3) aus der Liste von Felix Klein, nämlich die binäre Ikosaedergruppe.

Binäre Ikosaedergruppe

Die binäre Ikosaedergruppe ist eine Gruppe vom Typ $2.A_5$ der Ordnung 120. Sie ist eine Erweiterung der Gruppe[6]

$$A_5 \simeq \mathrm{PSL}_2(5) \simeq \mathrm{PSL}_2(4)$$

der orientierungserhaltenden Symmetrien eines Ikosaeders[7], aber sie ist **nicht** die Gruppe aller Symmetrien eines Ikosaeders (die Symmetrien eines Ikosaeders bilden eine Gruppe, die zur Coxeter-Gruppe $H_3 \simeq A_5 \times 2$ isomorph ist. Sie hat auch 120 Elemente). Als abstrakte Gruppe ist die binäre Ikosaedergruppe isomorph zu $\mathrm{SL}_2(5)$.

Ferner können wir die binäre Ikosaedergruppe innerhalb der Algebra der Hamiltonschen Quaternionen realisieren. Es sind die sogenannte Ikosiane: 120 konkrete Elemente in $\mathbb{H}^*$, die die binäre Ikosaedergruppe bilden.

Wir möchten keine konkreten Formeln angeben, da dies uns weg von unserer Hauptlinie führen würde und erwähnen nur, dass die konvexe Hülle der 120 Ikosiane den berühmten 600-Zeller bilden. Es ist ein 4-dimensionales reguläres Polytop mit 120 Ecken, 720 Kanten, 1200 Flächen und 600 Zellen, dessen Isometriegruppe isomorph zur Coxeter-Gruppe H_4 ist und das eine tiefe Verbindung zum Wurzelsystem E_8 hat. Für weitere Details verweisen wir auf [CSl].

---

[6] Es ist sehr erstaunlich auf den ersten Blick, dass diese Matrizengruppen über $\mathbb{F}_4$ und $\mathbb{F}_5$, d. h. über Körpern unterschiedlicher Charakteristiken, isomorph sind.

[7] Der Zusammenhang zwischen dem Ikosaeder und der Gruppe A_5 hat implizite Konsequenzen in der Galois-Theorie. Die quintischen Gleichungen sind aus der Galois-theoretischen Sicht ganz besonders. Siehe dazu [Klein2].

18 McKay Korrespondenz

Die Charaktertafel der binären Ikosaedergruppe sieht wie folgt aus:

Charaktertafel der binären Ikosaedergruppe $2.A_5$

	1	1	20	30	12	12	20	12	12
	$1A$	$2A$	$3A$	$4A$	$5A$	$5B$	$6A$	$10A$	$10B$
χ_0	1	1	1	1	1	1	1	1	1
$\rho := \chi_1$	2	-2	-1	0	$-\alpha$	$-\beta$	1	β	α
χ_2	2	-2	-1	0	$-\beta$	$-\alpha$	1	α	β
χ_3	3	3	0	-1	α	β	0	β	α
χ_4	3	3	0	-1	β	α	0	α	β
χ_5	4	4	1	0	-1	-1	1	-1	-1
χ_6	4	-4	1	0	-1	-1	-1	1	1
χ_7	5	5	-1	1	0	0	-1	0	0
χ_8	6	-6	0	0	1	1	0	-1	-1

In dieser Charaktertafel sind[8] $\alpha = \frac{1-\sqrt{5}}{2}$, $\beta = \frac{1+\sqrt{5}}{2}$ und ρ ist eine Einbettung der binären Ikosaedergruppe in $SL_2(\mathbb{C})$. Man könnte für ρ entweder χ_1 oder χ_2 nehmen (dies führt zum selben Ergebnis bis auf eine Umnummerierung). Wir haben $\rho = \chi_1$ gewählt.

Der McKay Graph der binären Ikosaedergruppe sieht wie folgt aus:

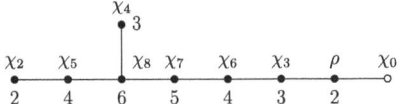

Wir bekommen also das affine Dynkin-Diagramm vom Typ E_8 und die höchste Wurzel im Wurzelsystem E_8!

Bemerkung Wir haben gerade eine Korrespondenz zwischen den Wurzelsystemen von den Ausnahmentypen E_6, E_7, E_8 und binären Tetraeder-, Oktaeder- und Ikosaeder-Gruppen gesehen.

Wir skizzieren noch die McKay Korrespondenz für die Wurzelsysteme von den klassischen Typen A und D.

Das Wurzelsystem vom Typ D_{n+2} (mit $n \geq 2$) entspricht der dizyklischen Gruppe der Ordnung $4n$ (beachte, dass alle dizyklischen Gruppen auch Untergruppen von Spin(3) sind).

Das entsprechende Diagramm (das affine Wurzelsystem bzw. der McKay Graph) sieht wie folgt aus:

Als konkretes Beispiel für $n = 2$ erhalten wir die Quaternionengruppe Q_8 mit dem McKay Graph vom Dynkin-Typ D_4:

---

[8] *Divina proportione* nach dem gleichnamigen Traktat von Luca de Pacioli.

Die Ecke in der Mitte entspricht dabei der einzigen irreduziblen Darstellung von Q_8 vom Grad 2.

Schließlich entspricht das Wurzelsystem vom Typ A_n der zyklischen Gruppe C_{n+1} (sie sind auch alle Untergruppen von Spin(3) und jetzt zusammen mit den obigen Gruppen ist die Liste von allen endlichen Untergruppen von Spin(3) vollständig):

Zusammenfassung: Endliche Untergruppen von Spin(3) Wir fassen noch einmal die Liste der endlichen Untergruppen von Spin(3) zusammen:

1. Alle zyklische Gruppen;
2. Alle dizyklische Gruppen;
3. Ausnahmegruppen: binäre Tetraededer-, Oktaeder- und Ikosaeder-Gruppe.

Dabei haben wir alle endlichen Untergruppen von Spin(3) berücksichtigt: die Untergruppen von Gruppen dieser Liste sind wieder auf dieser Liste.

Zusammenfassung: Symmetriegruppen der platonischen Körper und binäre Gruppen

Wir fassen die Symmetriegruppen der platonischen Körper und binäre Gruppen in eine Tabelle zusammen.

	Orientierungserhaltende Symmetrien, Untergruppen von SO(3) und $PGL_2(\mathbb{C})$ (von Dyck-Gruppen[9])	Symmetriegruppen, Untergruppen von O(3) (Dreiecksgruppen oder Coxeter-Gruppen vom Rang 3)	Binäre Gruppen, Untergruppen von Spin(3) und $SL_2(\mathbb{C})$ (binäre von Dyck-Gruppen)
τετρα- (2, 3, 3)	$A_4 \simeq PSL_2(3)$	$S_4 \simeq W(A_3)$	$SL_2(3)$ Hurwitzquaternionen mit Norm 1
οκτα- (2, 3, 4)	$S_4 \simeq PGL_2(3)$	$S_4 \times 2 \simeq W(B_3)$	$\langle \omega, \theta \rangle \leq \mathbb{H}^*$ $\omega = \frac{1}{2}(-1+i+j+k)$, $\theta = \frac{1+i}{\sqrt{2}}$
εικοσα- (2, 3, 5)	$A_5 \simeq PSL_2(5) \simeq PSL_2(4)$	$A_5 \times 2 \simeq H_3$	$SL_2(5)$ Ikosiane[10]

---

[9] Die (p, q, r)-von Dyck Gruppen haben die Präsentation

$$\langle a, b, c \mid a^p = b^q = (ab)^r = abc = 1 \rangle;$$

cf. mit den *binären* von Dyck-Gruppen oben.

[10] Im Bezug auf das Kap. 17 kann die Gruppe $SL_2(5)$ noch folgendermaßen charakterisiert werden: Sie ist das einzige perfekte Frobeniuskomplement: Wenn H eine beliebige endliche Frobeniusgruppe ist, die ein perfektes Frobeniuskomplement G hat, dann ist $G \simeq SL_2(5)$ (siehe [Hup, Theorem 16.7d]).

Wir haben gerade ziemlich lange über endliche Untergruppen von Spin(3) gesprochen. In diesem Zusammenhang möchten wir noch folgende bekannte Verallgemeinerung vorstellen.

Ausblick: Struktur der endlichen Untergruppen in einer komplexen Lie-Gruppe
Zunächst sei bemerkt, dass man zeigen kann, dass jede reelle kompakte einfache Lie-Gruppe G und die entsprechende komplexe Lie-Gruppe $G_\mathbb{C}$ dieselben endlichen Untergruppen enthalten. Deswegen können wir annehmen, dass wir mit komplexen Lie-Gruppen arbeiten.

Es sei auch bemerkt, dass die Gruppen Spin(3) (die reelle kompakte) bzw. $\text{Spin}_3(\mathbb{C})$ (die entsprechende komplexe) vom Dynkin-Typ A_1 sind. Es steht aber nichts im Wege dieselbe Frage über die Struktur der endlichen Untergruppen in einer beliebigen komplexen Lie-Gruppe zu stellen. Von besonderem Interesse sind dabei die Ausnahmegruppen.

Sei G eine einfache adjungierte[11] algebraische Gruppe über $\mathbb{C}$ und sei h die Coxeter-Zahl[12] von G. Falls $p = h + 1$ eine Primzahl ist, dann ist die Gruppe $\text{PGL}_2(p)$ eine Untergruppe von $G(\mathbb{C})$. Falls $p = 2h + 1$ eine Primzahl ist, dann ist $\text{PSL}_2(p)$ eine Untergruppe von $G(\mathbb{C})$ (siehe [Ser6, Beispiele 4 und 5, Abschn. 2.1]). Wir präsentieren hier in aller Kürze zwei Beispiele:

1. Für $G = \text{PGL}_2$ ist die Coxeter-Zahl 2 und wir erhalten auf diesem Wege die endlichen Untergruppen $\text{PGL}_2(3) \simeq S_4$ und $\text{PSL}_2(5) \simeq A_5$, d.h. die Gruppen von orientierungserhaltenden Symmetrien eines Oktaeders bzw. eines Ikosaeders.
2. Für G zerfallend vom Typ[13] E_8 ist die Coxeter-Zahl gleich 30 und wir erhalten die endlichen Untergruppen $\text{PGL}_2(31)$ und $\text{PSL}_2(61)$ von $G(\mathbb{C})$.

Ausblick: Rationalitätsfragen
Zum Schluss möchten wir die Richtung der Rationalitätsfragen anvisieren und wieder dieselbe Frage stellen: Gegeben ein beliebiger, nicht unbedingt algebraisch abgeschlossener, Körper K der Charakteristik 0 und G eine zerfallende adjungierte einfache algebraische Gruppe. Welche endlichen Untergruppen von $G(K)$ existieren? Natürlich kann dadurch die Liste von möglichen endlichen Untergruppen im Vergleich zum komplexen Fall nur kleiner werden.

---

[11] Eine einfache algebraische Gruppe heißt adjungiert, wenn ihr Zentrum trivial ist.
[12] Eine genau Definition einer Coxeter-Zahl ist hier irrelevant, es genügt, sie sich als eine konkrete Zahl aus einer Liste vorzustellen. Für die Gruppen vom Typ A_1 ist sie gleich 2 und etwa für die Gruppen vom Typ E_8 ist sie gleich 30.
[13] Seit ihrer Entdeckung durch Wilhelm Killing [Ki] ist E_8 eine große Quelle der Faszination für viele Wissenschaftler; siehe [Ga]. Ferner spielt E_8 eine prominente Rolle in der Physik. Die E_8 existiert auch in der Natur: man hat sie experimentell auf einem $CoNb_2O_6$ Magnet entdeckt: siehe [BG].

Interessanterweise kann man folgende Resultate zeigen, die arithmetische Eigenschaften des Körpers K beinhalten:

1. Seien $G = \text{PGL}_2$, $H = A_4$ (bzw. A_5) und K ein Körper mit Charakteristik 0. Dann ist H genau dann eine Untergruppe von $G(K)$, wenn -1 eine Summe von 2 Quadraten in K ist und für A_5 zusätzlich wenn $\sqrt{5} \in K$ liegt (siehe [Ser4, § 2.5] und [Ser5, § 1]).
2. Für die zerfallenden Gruppen G vom Typ E_8 kann man zeigen (siehe [GS]): Die Gruppe $\text{PGL}_2(31)$ ist eine Untergruppe von $G(K)$ genau dann wenn -1 eine Summe von 16 Quadraten in K ist. Die Gruppe $\text{PSL}_2(32)$ ist eine Untergruppe von $G(K)$ genau dann wenn -1 eine Summe von 16 Quadraten in K ist und $\cos(2\pi/11) \in K$ liegt.

Interessanterweise kann man anstelle der 16 Quadrate auch eine beliebige Anzahl von Quadraten zwischen 16 und 31 nehmen (siehe [Pf]).

Teil 2
Lösungen

Kapitel 19
Gruppenwirkung auf endlichen Mengen. Klassengleichung

Aufgabe 1 Da H eine p-Gruppe ist, gilt folgende Identität:

$$|G/H| = |(G/H)^H| \mod p,$$

wobei $(G/H)^H = \{gH \in G/H \mid \forall h \in H \; hgH = gH\}$. Die Bedingung $hgH = gH$ ist äquivalent zu $g^{-1}hg \in H$. Folglich

$$(G/H)^H = \{gH \in G/H \mid g \in N_G(H)\}.$$

Zusammengefasst ist

$$|G : H| = |G/H| = |N_G(H) : H| \mod p.$$

Da nach unseren Voraussetzungen $|G : H| = 0 \mod p$ ist, ist damit der Index $|N_G(H) : H|$ echt größer als 1 und insbesondere $N_G(H) \neq H$.

Aufgabe 2 Wir überprüfen zunächst, dass die im Hinweis angegebene Wirkung der zyklischen Gruppe $C_p = \langle z \rangle$ auf der Menge X wohldefiniert ist.

Für $(g_1, \ldots, g_p) \in X$ ist $z(g_1, g_2, \ldots, g_p) = (g_p, g_1, g_2, \ldots, g_{p-1})$. Es gilt:

$$g_p g_1 g_2 \cdots g_{p-1} = g_p (g_1 g_2 \cdots g_{p-1} g_p) g_p^{-1} = g_p e g_p^{-1} = e.$$

Folglich liegt $(g_p, g_1, g_2, \ldots, g_{p-1})$ tatsächlich wieder in X.

Da $|C_p| = p$ ist, ist C_p eine p-Gruppe und damit

$$|X^{C_p}| = |X| \mod p.$$

Ein Element $x = (g_1, \ldots, g_p) \in X$ liegt genau dann in X^{C_p}, wenn $zx = (g_p, g_1, g_2, \ldots, g_{p-1}) = (g_1, g_2, \ldots, g_p) = x$ gilt. Dies ist äquivalent zu $g := g_1 = g_2 = \ldots = g_p$ mit $g^p = e$.

Zusammengefasst ist

$$X^{C_p} = \{(g, \ldots, g) \in G^p \mid g^p = e\}$$

und folglich ist $|X^{C_p}|$ die Anzahl der Lösungen der Gleichung $g^p = e$ in G.

Es bleibt nur noch zu zeigen, dass $|X| = 0 \mod p$ ist. Wir berechnen die Mächtigkeit von X explizit. Definitionsgemäß ist

$$X = \{(g_1, g_2, \ldots, g_p) \in G^p \mid g_1 g_2 \cdots g_p = e\}.$$

In der Gleichung $g_1 g_2 \cdots g_p = e$ können wir für $g_1, \ldots, g_{p-1}$ beliebige Elemente von G wählen. Das Element g_p ist dann aus dieser Gleichung eindeutig bestimmt. Damit ist $|X| = |G|^{p-1}$ und ist durch p teilbar, da nach unseren Voraussetzungen $|G|$ durch p teilbar ist.

Aufgabe 3 Seien $P_1, P_2, \ldots, P_m$ alle paarweise verschiedene Untergruppen von G mit p Elementen. Wie in Aufgabe 2 bezeichnen wir das neutrale Element von G mit e.

Offensichtlich sind alle P_i zyklisch der Ordnung p und $P_i \cap P_j = \{e\}$, wenn i und j verschieden sind, da $P_i \cap P_j$ eine echte Untergruppe einer zyklischen Gruppe mit p Elementen ist.

Dabei besteht $P_1 \cup P_2 \cup \ldots \cup P_m$ genau aus allen Elementen g von G mit $g^p = e$. Damit ist laut Aufgabe 2

$$|P_1 \cup P_2 \cup \ldots \cup P_m| = 0 \mod p.$$

Es gilt ferner

$$|P_1 \cup P_2 \cup \ldots \cup P_m| = |P_1 \setminus \{e\}| + |P_2 \setminus \{e\}| + \ldots |P_m \setminus \{e\}| + |\{e\}|,$$

da die Mengen $P_1 \setminus \{e\}, \ldots, P_m \setminus \{e\}$ und $\{e\}$ paarweise disjunkt sind.

Es folgt:

$$m(p-1) + 1 = 0 \mod p$$

und damit wie gewünscht $m = 1 \mod p$.

Aufgabe 4 Dieses Resultat wurde von Edmund Landau bewiesen. Sein mathematischer Stil ist sehr eigenartig und wird manchmal als „Landau-Stil" bezeichnet.

Damit die Leser einen Eindruck davon bekommen, wird hier ein einigermaßen längerer Abschnitt (inklusive Fußnoten) aus der Arbeit [Lan] von Landau aus dem Jahr 1902 zitiert. Die Nummerierung der Formeln bleibt wie in der Originalquelle.

19 Gruppenwirkung auf endlichen Mengen. Klassengleichung

Wir halten folgende Bezeichnungen fest. Die Anzahl der Konjugationsklassen (die *Klassenzahl*) unserer Gruppe ist h, die Ordnung unserer Gruppe ist n und die Mächtigkeiten der Konjugationsklassen sind $1 = v_1 \leq v_2 \leq \ldots \leq v_h$.
Es gilt
$$n = v_1 + v_2 + \ldots + v_h$$

(dies ist Formel (12) im weiteren Verlauf). Schließlich impliziert die Klassengleichung, dass die Zahlen $v_i = \frac{|G|}{|Z_G(f_i)|}$ Teiler von $|G|$ sind (f_i sind Repräsentanten in jeweiligen Konjugationsklassen).

Nun kommt das versprochene Zitat aus [Lan].

Ich behaupte nun, daß allgemein jeder Klassenzahl h nur endlich viele Gruppen entsprechen; da zu jeder Ordnung n nur endlich viele Gruppen gehören, läßt sich die Behauptung auch so aussprechen: nach Annahme einer Zahl h läßt sich eine Zahl $N(h)$ so bestimmen, daß für alle $n \geq N$ die Klassenzahl aller Gruppen der Ordnung n größer als h ist.

Da $v_1, v_2, \cdots, v_h$ Divisoren von n sind, kann man in (12)
$$1 = v_1 = \frac{n}{g_1}, v_2 = \frac{n}{g_2}, \cdots, v_h = \frac{n}{g_h}$$

setzen, wo $g_1, g_2, \cdots, g_h$ ganze Zahlen sind, und zwar ist $g_1 = n$ und
$$g_1 \geq g_2 \geq \cdots \geq g_h; \tag{13}$$

aus (12) folgt
$$n = \frac{n}{g_1} + \frac{n}{g_2} + \cdots + \frac{n}{g_h},$$
$$\frac{1}{g_1} + \frac{1}{g_2} + \cdots + \frac{1}{g_h} = 1. \tag{14}$$

Von der diophantischen Gleichung (14) läßt sich nun nachweisen, daß sie bei gegebenem h nur endlich viele Lösungen in positiven ganzen Zahlen $g_1, g_2, \cdots, g_h$ besitzt, oder, was nicht spezieller ist, daß sie bei gegebenem h nur endliche viele Lösungen in positiven ganzen Zahlen $g_1, g_2, \cdots, g_h$ mit der Nebenbedingung (13) besitzt. Aus (13) und (14) folgt nämlich zunächst
$$1 \leq \frac{1}{g_h} + \frac{1}{g_h} + \cdots + \frac{1}{g_h} = \frac{h}{g_h},$$
$$g_h \leq h.$$

g_h ist also nur endlich vieler Werte fähig; für $h \geq 2$ ist der Wert $g_h = 1$ jedenfalls unbrauchbar, und für jeden der übrigen eventuell brauchbaren $h - 1$ Werte $g_h = 2, 3, \cdots, h$ ergibt sich weiter
$$1 - \frac{1}{g_h} = \frac{1}{g_1} + \frac{1}{g_2} + \cdots + \frac{1}{g_{h-1}} \leq \frac{1}{g_{h-1}} + \frac{1}{g_{h-1}} + \cdots + \frac{1}{g_{h-1}} = \frac{h-1}{g_{h-1}},$$
$$g_{h-1} \leq \frac{h-1}{1 - \frac{1}{g_h}} \leq \frac{h-1}{1 - \frac{1}{2}} = 2(h-1),$$

und so fort. Es sei schon bewiesen, daß in (14) $g_h, g_{h-1}, \cdots, g_\lambda$ ($\lambda \geq 2$) beziehlich gewisse Schranken $G_h, G_{h-1}, \cdots, G_\lambda$ nicht übersteigen können. Unter den endlich vielen Möglichkeiten, $g_h, g_{h-1}, \cdots, g_\lambda$ beziehlich $\leq G_h, G_{h-1}, \cdots, G_\lambda$ zu wählen, gibt es a fortiori nur endlich viele, für welche außerdem[1]

---

[1] Daß (15), ohne Nebenbedingungen als diophantische Ungleichung aufgefaßt, bei gegebenem h unendlich viele Lösungen hat, ist unerheblich.

$$\frac{1}{g_\lambda} + \cdots + \frac{1}{g_{h-1}} + \frac{1}{g_h} < 1 \qquad (15)$$

ist, und nur diese kommen zur Bildung von Lösungen von (14) in Frage. Für jedes solche System $g_h, g_{h-1}, \cdots, g_\lambda$ ergibt sich

$$1 - \frac{1}{g_\lambda} - \cdots - \frac{1}{g_{h-1}} - \frac{1}{g_h} = \frac{1}{g_1} + \cdots + \frac{1}{g_{\lambda-1}} \leq \frac{1}{g_{\lambda-1}} + \cdots + \frac{1}{g_{\lambda-1}} = \frac{\lambda-1}{g_{\lambda-1}},$$

$$g_{\lambda-1} \leq \frac{\lambda-1}{1 - \frac{1}{g_\lambda} - \cdots - \frac{1}{g_{h-1}} - \frac{1}{g_h}};$$

also existiert auch für $g_{\lambda-1}$ eine obere Schranke $G_{\lambda-1}$, und man erkennt durch vollständige Induktion, daß (14) nur endlich viele Lösungen besitzt[2].

Da nun die größte der Zahlen g gleich n ist, so ergibt sich, daß in (12) bei gegebenem h die Zahl n eine endliche Schranke nicht übersteigen kann; anders ausgedrückt: es gibt nur endlich viele Zahlen, welche als Summe von h ihrer Divisoren, unter denen der Divisor 1 als Summand vorkommt, darstellbar sind. Da zu jedem n nur endlich viele Gruppen gehören, ist damit bewiesen:

Es gibt nur endlich viele Gruppen mit gegebener Klassenzahl.

Bemerkung Wenn $h = 2$, dann folgt aus obigen Berechnungen von Landau, dass $v_1 = 1$ und $v_2 = n - 1$ ist. Da v_2 die Ordnung der Gruppe n teilen muss, folgt, dass $n = 2$ ist. Es gibt also genau eine endliche Gruppe mit genau zwei Konjugationsklassen.

Beachte allerdings, dass unendliche Gruppen mit genau zwei Konjugationsklassen existieren (siehe z. B. [Os]).

---

[2] Natürlich erkennt man ebenso, daß $\frac{1}{g_1} + \frac{1}{g_2} + \cdots + \frac{1}{g_h}$ bei gegebenem h keinen Wert unendlich oft annehmen kann.

Kapitel 20
Symmetrische und alternierende Gruppen

Aufgabe 5 Die Struktur der Konjugationsklassen der Gruppe S_n setzen wir als bekannt voraus. Die Konjugationsklasse einer Permutation $\sigma \in S_n$ besteht nämlich aus allen Permutation vom gleichen Zyklustyp wie der Zyklustyp von σ.

Für $\sigma \in A_n$ ist klar, dass die Konjugationsklasse von σ in A_n in der Konjugationsklasse von σ in S_n enthalten ist. Genauer gesagt, sei $\sigma \in A_n$ und sei $\tau \in S_n \setminus A_n$ eine beliebige Permutation (z. B. eine Transposition).

Dann

$$\{x\sigma x^{-1}, x \in S_n\} = \{x\sigma x^{-1}, x \in A_n\} \cup \{x\tau\sigma\tau^{-1}x^{-1}, x \in A_n\}.$$

Beachte auch, dass

$$\{x\tau\sigma\tau^{-1}x^{-1}, x \in A_n\} = \{\tau x\sigma x^{-1}\tau^{-1}, x \in A_n\},$$

da $A_n \trianglelefteq S_n$. Außerdem sind die Mengen

$$\{x\sigma x^{-1}, x \in A_n\} \text{ und } \{x\tau\sigma\tau^{-1}x^{-1}, x \in A_n\}$$

gleichmächtig: Die zueinander inversen Bijektionen sind gegeben durch

$$x\sigma x^{-1} \mapsto \tau x\sigma x^{-1}\tau^{-1} \text{ und } y\sigma y^{-1} \mapsto \tau^{-1}y\sigma y^{-1}\tau.$$

Folglich haben wir folgende Alternative: entweder zerfällt die Konjugationsklasse von σ in S_n in zwei gleichmächtige Konjugationsklassen von A_n, oder die Konjugationsklassen von σ in A_n und in S_n sind gleich.

Jetzt untersuchen wir die beiden Möglichkeiten genauer.

Teil a) Angenommen, es existiere eine Permutation $\tau \in S_n \setminus A_n$ mit $\tau\sigma = \sigma\tau$. Sei $\tau' \in S_n \setminus A_n$ beliebig. Dann gilt

$$\tau'\sigma\tau'^{-1} = \tau'\sigma\tau\tau^{-1}\tau'^{-1} = (\tau'\tau)\sigma(\tau'\tau)^{-1}.$$

Dabei ist $\tau'\tau \in A_n$. Folglich zerfällt die Konjugationsklasse von σ in S_n nicht.

Nehmen wir nun umgekehrt an, dass die Konjugationsklasse von σ in S_n nicht zerfällt. Sei $\tau \in S_n \setminus A_n$ eine beliebige Permutation. Dann sind $\tau\sigma\tau^{-1}$ und σ in A_n konjugiert, d. h. es existiert ein Element $\tau' \in A_n$ mit $\tau\sigma\tau^{-1} = \tau'\sigma\tau'^{-1}$. Folglich ist $(\tau'^{-1}\tau)\sigma = \sigma(\tau'^{-1}\tau)$. Dabei ist $\tau'^{-1}\tau \in S_n \setminus A_n$.

Teil b) Als erstes nehmen wir an, dass die Zerlegung von σ in das Produkt disjunkter Zyklen einen Zyklus c gerader Länge enthält. Dieser Zyklus ist automatisch ein Element von $S_n \setminus A_n$ (ein Zyklus gerader Länge ist ungerade). Außerdem kommutiert σ mit allen Zyklen aus seiner Zyklenzerlegung. Es folgt aus der Teilaufgabe a), dass die Konjugationsklasse von σ in S_n nicht zerfällt.

Nehmen wir jetzt an, dass die Zerlegung von σ in das Produkt disjunkter Zyklen zwei verschiedene Zyklen $(a_1 \ldots a_l)$ und $(b_1 \ldots b_l)$ mit gleicher ungerader Länge l enthält (inklusive dem Fall $l = 1$). Wir definieren dann

$$\tau = (a_1 b_1) \ldots (a_l b_l) \in S_n \setminus A_n.$$

Diese Permutation ist ein Produkt von l Transpositionen und liegt nicht in A_n, da l ungerade ist.

Es ist leicht nachzurechnen, dass dabei die Identität $\sigma\tau = \tau\sigma$ gilt. Aus der Teilaufgabe a) folgt wieder, dass die Konjugationsklasse von σ in diesem Fall ebenfalls nicht zerfällt.

Nehmen wir nun umgekehrt an, dass $\sigma = c_1 \cdots c_s$ das Produkt von disjunkten Zyklen ist, wobei die Längen von allen Zyklen c_i (für alle $i = 1, \ldots, s$) paarweise verschieden und ungerade sind. Wir bezeichnen die Länge von c_i mit d_i und schreiben den Zyklus c_i als

$$c_i = (c_i^{(1)} \ldots c_i^{(d_i)})$$

für alle $i = 1, \ldots, s$.

Sei $\tau \in S_n \setminus A_n$ mit $\tau\sigma = \sigma\tau$. Alle Zyklen c_i liegen in A_n, da alle d_i ungerade sind. Es gilt ferner:

$$\sigma = \tau\sigma\tau^{-1} = \tau\left(\prod_{i=1}^{s} c_i\right)\tau^{-1} = \prod_{i=1}^{s}(\tau c_i \tau^{-1})$$
$$= \prod_{i=1}^{s}(\tau(c_i^{(1)}) \ldots \tau(c_i^{(d_i)})) = \sigma.$$

Da alle d_i paarweise verschieden sind, muss τ alle Zyklen c_i festhalten. Folglich ist τ von der Form $c_1^{a_1} \cdots c_s^{a_s}$ für irgendwelche $a_i \in \mathbb{Z}$ (wir lassen dies als eine kleine weitere Übungsaufgabe).

20 Symmetrische und alternierende Gruppen

Da alle c_i in A_n liegen, liegt auch τ in A_n, was unserer Annahme widerspricht. Dies beendet unsere Lösung.

Aufgabe 6 Die Gruppe S_4 hat folgende Konjugationsklassen (wir schreiben nur einen Repräsentanten verschiedener Klassen):

$$1, \quad (1\,2), \quad (1\,2\,3), \quad (1\,2)(3\,4), \quad (1\,2\,3\,4).$$

Die Permutationen $(1\,2)$ und $(1\,2\,3\,4)$ liegen nicht in A_4. Das Kriterium aus Aufgabe 5 impliziert sofort, dass die Konjugationsklassen von A_4 (bzw. Repräsentanten der Konjugationsklassen) wie folgt aussehen:

$$1, \quad (1\,2\,3), \quad (1\,2)(1\,2\,3)(1\,2)^{-1} = (1\,3\,2), \quad (1\,2)(3\,4).$$

Die Gruppe S_5 hat folgende Konjugationsklassen:

$$1, \quad (1\,2), \quad (1\,2\,3), \quad (1\,2)(3\,4), \quad (1\,2\,3\,4), \quad (1\,2\,3)(4\,5), \quad (1\,2\,3\,4\,5).$$

Die Permutationen $(1\,2)$, $(1\,2\,3\,4)$ und $(1\,2\,3)(4\,5)$ liegen nicht in A_5. Das Kriterium aus Aufgabe 5 impliziert sofort, dass die Konjugationsklassen von A_5 (bzw. Repräsentanten der Konjugationsklassen) wie folgt aussehen:

$$1, \quad (1\,2\,3), \quad (1\,2)(3\,4), \quad (1\,2\,3\,4\,5), \quad (1\,2)(1\,2\,3\,4\,5)(1\,2)^{-1} = (1\,3\,4\,5\,2).$$

Die Konjugationsklasse von $(1\,2\,3)$ zerfällt dabei nicht, da

$$(1\,2\,3) = (1\,2\,3)(4)(5)$$

ist und damit die Zyklenzerlegung von $(1\,2\,3)$ zwei Zyklen gleicher ungerader Länge enthält.

Kapitel 21
Grundlagen der Darstellungstheorie

Aufgabe 7 Es sei erinnert, dass

$$K[G] = \left\{ \sum_{g \in G} \alpha_g g,\ \alpha_g \in K \right\}.$$

Dabei bilden alle Elemente $g \in G$ eine K-Basis von $K[G]$.

Sei $1 \neq h \in G$. Es gilt:

$$(1-h)\left(\sum_{g \in G} g\right) = \sum_{g \in G} g - \sum_{g \in G} hg$$
$$= \sum_{g \in G} g - \sum_{g' \in G} g' = 0,$$

wobei wir in der letzten Summe den Laufindex verschoben haben ($g' := hg$). Beachte dabei, dass die Mengen $\{hg,\ g \in G\}$ und $\{g \in G\}$ identisch sind.

Die Elemente $1 - h$ und $\sum_{g \in G} g$ in $K[G]$ sind beide nicht Null und damit haben wir Nullteiler in der K-Algebra $K[G]$ gefunden. Insbesondere ist $K[G]$ keine Divisionsalgebra.

Aufgabe 8 Teil a) Wir bezeichnen die Elemente von $\mathbb{Z}/\langle n \rangle$ additiv wie folgt

$$\mathbb{Z}/\langle n \rangle = \{\bar{0}, \bar{1}, \ldots, \overline{n-1}\}.$$

Definiere einen Homomorphismus von K-Algebren

$$\varphi\colon K[x] \to K[\mathbb{Z}/\langle n\rangle]$$

$$x \mapsto \bar{1}$$

$$1 \mapsto \bar{0}$$

(Beachte, dass $\bar{0}$ als Element von $K[\mathbb{Z}/\langle n\rangle]$ das 1-Element ist.)

Der obige Homomorphismus ist durch seinen Wert auf x eindeutig bestimmt (das wird als die universelle Eigenschaft der Polynomalgebra $K[x]$ bezeichnet).

Es ist offensichtlich, dass φ surjektiv ist. Außerdem enthält $\operatorname{Ker}\varphi$ das Ideal $\langle x^n - 1\rangle$ von $K[x]$, denn

$$\varphi(x^n - 1) = \bar{n} - \bar{0} = \bar{0} - \bar{0} = 0_{K[G]},$$

wobei wir mit $0_{K[G]}$ das 0-Element von $K[G]$ bezeichnen.

Die universelle Eigenschaft der Faktoralgebra liefert uns einen surjektiven Homomorphismus von K-Algebren:

$$K[x]/\langle x^n - 1\rangle \to K[x]/\operatorname{Ker}\varphi \simeq K[\mathbb{Z}/\langle n\rangle].$$

Da außerdem die Dimensionen beider K-Algebren gleich sind:

$$\dim_K K[x]/\langle x^n - 1\rangle = n \text{ und } \dim_K K[\mathbb{Z}/\langle n\rangle] = |\mathbb{Z}/\langle n\rangle| = n,$$

folgt nun die Behauptung, dass $K[x]/\langle x^n - 1\rangle$ und $K[\mathbb{Z}/\langle n\rangle]$ isomorph sind.

Teil b) Die Gruppenalgebren $K[\mathbb{Z}]$, $K[\mathbb{Z}^n]$ und $K[F_n]$ können ebenfalls bestimmt werden. Da allerdings der Schwerpunkt dieses Buches auf endlichen Gruppen liegt, überlassen wir die Details interessierten Lesern und präsentieren hier nur die Ergebnisse:

$$K[\mathbb{Z}] = K[x, x^{-1}] = K[x^{\pm 1}]$$

die Algebra der Laurent-Polynome,

$$K[\mathbb{Z}^n] = K[x_1^{\pm 1}, \ldots, x_n^{\pm 1}]$$

die Algebra der Laurent-Polynome von n Variablen und

$$K[F_n] = K\langle x_1^{\pm 1}, \ldots, x_n^{\pm 1}\rangle$$

die Algebra der Laurent-Polynome von n nicht kommutierenden Variablen.

21 Grundlagen der Darstellungstheorie

Bemerkung Aus obigen Formeln schließen wir leicht, dass $K[\mathbb{Z}]$ keine Nullteiler hat. Es ist interessant, dies mit Aufgabe 7 bzw. deren Lösung zu vergleichen.

Aufgabe 9 Wir zeigen eine etwas allgemeinere Eigenschaft. Seien G und G' zwei endliche Gruppen und $\pi: G \to G'$ ein Gruppenhomomorphismus. Sei ferner $\rho: G' \to \mathrm{GL}(V)$ eine Darstellung von G' auf einem K-Vektorraum V.

Nehmen wir zunächst an, dass die Darstellung $\rho \circ \pi$ von G (auf demselben Vektorraum V) irreduzibel ist. Wir behaupten, dass dann die Darstellung ρ von G' auch irreduzibel ist: Sei $U \subset V$ ein G'-invarianter Unterraum von V (d.h. $\rho(g')U \subset U$ für alle $g' \in G'$). Dann ist tatsächlich U auch G-invariant, denn für alle $g \in G$ und für alle $u \in U$ gilt

$$gu = (\rho \circ \pi)(g)u = \rho(\pi(g))(u) \in U,$$

da $\pi(g) \in G'$. Folglich, da $\rho \circ \pi$ irreduzibel ist, ist $U = 0$ oder $U = V$ und damit ist ρ auch irreduzibel.

Wir zeigen nun die Umkehrung dieser Aussage unter der zusätzlichen Annahme, dass π surjektiv ist. Der Fall $G' = G/H$ mit der kanonischen Projektion π würde dann die ursprüngliche Aufgabenstellung lösen. Beachte auch, dass die Annahme, dass der Homomorphismus π surjektiv ist, essentiell ist. Es lassen sich sonst leicht Gegenbeispiele finden.

Nehmen wir also an, dass die Darstellung ρ von G' irreduzibel ist und sei $W \subset V$ ein G-invarianter Unterraum von V.

Sei $g' \in G'$ ein beliebiges Element. Da π surjektiv ist, existiert ein Element $g \in G$ mit $\pi(g) = g'$. Da W G-invariant ist, gilt

$$g'W = \rho(g')(W) = \rho(\pi(g))W = (\rho \circ \pi)(g)W \subset W.$$

Damit ist W auch G'-invariant. Folglich, da ρ irreduzibel ist, ist $W = 0$ oder $W = V$ und damit ist $\rho \circ \pi$ irreduzibel.

Aufgabe 10 Sei W ein $\mathbb{C}$-Vektorraum mit Basis $\{e_g, g \in G\}$, die durch Elemente der Gruppe G indexiert ist. Die reguläre Darstellung ρ_{reg} ist durch folgende Wirkung von G auf W gegeben:

$$\rho_{\mathrm{reg}}(h)e_g := e_{hg}, \quad h \in G.$$

Definiere eine $\mathbb{C}$-lineare Abbildung $\varphi: W \to V$ durch $e_g \mapsto \rho(g)v$. Offensichtlich ist φ bijektiv.

Außerdem ist φ G-äquivariant, denn gegeben $h, g \in G$ rechnen wir leicht

$$\varphi(\rho_{\mathrm{reg}}(h)e_g) = \varphi(e_{hg}) = \rho(hg)v = \rho(h)\rho(g)v = \rho(h)\varphi(e_g).$$

Und damit ist φ ein Isomorphismus von Darstellungen V und W.

Aufgabe 11 Sei $\rho\colon G \to \mathrm{GL}(V)$ eine endlich-dimensionale Darstellung von G. Die duale Darstellung ρ^* von G ist auf dem dualen Vektorraum $V^* = \mathrm{Hom}_K(V, K)$ wie folgt definiert:

$$\rho^*\colon G \to \mathrm{GL}(V^*)$$
$$g \mapsto \rho(g^{-1})^*\colon V^* \to V^*$$

wobei $\rho(g^{-1})^*$ die zu $\rho(g^{-1})$ duale Abbildung bezeichnet, d.h.

$$\rho(g^{-1})^*(\varphi) = \varphi \circ \rho(g^{-1})$$

für alle $\varphi \in V^*$.

Angenommen, die Darstellung V^* sei irreduzibel und $W \subset V$ sei ein G-invarianter Unterraum für die Darstellung V von G. Definiere

$$W^\perp := \{\varphi \in V^* \mid \forall w \in W\ \varphi(w) = 0\} \subset V^*.$$

Wir behaupten, dass $W^\perp$ ein G-invarianter Unterraum ist. Tatsächlich sei $\varphi \in W^\perp \subset V^*$ (d.h. $\varphi(W) = 0$). Für alle $w \in W$ gilt

$$(\rho^*(g)\varphi)(w) = (\rho(g^{-1})^*\varphi)(w)$$
$$= (\varphi \circ \rho(g^{-1}))(w)$$
$$= \varphi(\rho(g^{-1})w) = 0 \in K,$$

da $\rho(g^{-1})w \in W$ (denn W ist G-invariant). Aus der Irreduzibilität von V^* folgt, dass $W^\perp = 0$ oder $W^\perp = V^*$ ist.

Mit Hilfe der linearen Algebra kann man zeigen (wir lassen dies hier ohne Beweis), dass allgemein (für jeden Untervektorraum $W \subset V$)

$$\dim_K W + \dim_K W^\perp = \dim_K V$$

ist. Folglich ist $W = V$ oder $W = 0$. Wir haben also bewiesen, dass die Darstellung V irreduzibel ist.

Für die andere Richtung in dieser Übungsaufgabe benutzen wir den kanonischen Isomorphismus $V^{**} = V$ (beachte, dass V endlich-dimensional ist). Wir überlassen den Lesern die mühsame Rechnung, dass dieser kanonische Isomorphismus auch einen Isomorphismus von Darstellungen V und V^{**} der Gruppe G definiert.

Sei nun V irreduzibel. Dann ist auch $V^{**} = V$ irreduzibel und nach dem ersten Teil der Lösung ist damit V^* irreduzibel.

Aufgabe 12 Wir benutzen die Sprache von Emmy Noether und betrachten unsere Darstellung V als ein $K[G]$-Modul.

Sei $0 \neq v \in V$ ein beliebiger Vektor und betrachte den $K[G]$-Untermodul

21 Grundlagen der Darstellungstheorie

$$K[G]v \subset V.$$

Dieser Untermodul ist nicht Null, da $1 \cdot v = v \neq 0$ ist. Nach Voraussetzung ist V irreduzibel und folglich muss $K[G]v = V$ gelten.

Definiere nun einen Homomorphismus von $K[G]$-Moduln:

$$K[G] \to V$$

$$1 \mapsto v$$

Es folgt aus obigen Beobachtungen, dass dieser Homomorphismus surjektiv ist und folglich

$$\dim_K V \leq \dim_K K[G] = |G| < \infty.$$

Damit ist jede irreduzible Darstellung einer endlichen Gruppe endlich-dimensional.

Aufgabe 13 Sei $H \leq G$ eine Untergruppe von G vom Index p. Dann ist H ein Normalteiler[1] von G und $G/H \simeq \mathbb{Z}/\langle p \rangle \simeq C_p$.

Das Polynom $x^p - 1$ zerfällt über K in p Linearfaktoren, da K algebraisch abgeschlossen ist. Außerdem sind diese Linearfaktoren paarweise verschieden, da die Charakteristik von K ungleich p ist und $x^p - 1$ damit separabel ist.

Folglich bilden alle p-te Einheitswurzeln in K^* eine Untergruppe, die isomorph zu $\mathbb{Z}/\langle p \rangle$ ist.

Nun erhalten wir folgende nicht triviale eindimensionale Darstellung von G:

$$G \to G/H \simeq \{p\text{-te Einheitswurzeln in } K^*\} \hookrightarrow K^* = \mathrm{GL}_1(K),$$

wobei der erste Homomorphismus die kanonische Projektion ist.

Aufgabe 14 Wir nehmen $G = \mathbb{Z}$ und die Darstellung

$$\mathbb{Z} \to \mathrm{GL}_2(\mathbb{C})$$

$$a \mapsto \begin{pmatrix} 1 & a \\ 0 & 1 \end{pmatrix}$$

Es ist leicht zu sehen, dass diese Darstellung unzerlegbar, aber nicht irreduzibel ist.

Es sei bemerkt, dass in der Charakteristik $p > 0$ dieselbe Konstruktion ein Beispiel einer unzerlegbaren nicht irreduziblen Darstellung der Gruppe $\mathbb{Z}/\langle p \rangle$ über dem algebraischen Abschluss $\overline{\mathbb{F}}_p$ (und genauso über $\mathbb{F}_p$) liefert:

---

[1] Es gilt allgemein für eine beliebige endliche Gruppe G: Wenn p die kleinste Primzahl ist, die die Ordnung von G teilt, dann ist jede Untergruppe von G vom Index p ein Normalteiler. Die Leser können dies gerne als eine weitere Übungsaufgabe betrachten.

$$\mathbb{Z}/\langle p \rangle \to \mathrm{GL}_2(\overline{\mathbb{F}}_p)$$

$$a \mapsto \begin{pmatrix} 1 & a \\ 0 & 1 \end{pmatrix}$$

Im Allgemeinen, wenn die Charakteristik des Grundkörpers positiv ist (die Theorie der modularen Darstellungen), ist die Bedingung „irreduzibel" sehr restriktiv (cf. Aufgabe 16b). Beachte auch in diesem Zusammenhang, dass das berühmte Lemma von Schur (Satz 2, Kap. 3) für Körper von beliebiger Charakteristik gilt, aber nur etwas über irreduzible Darstellungen aussagt.

Aufgabe 15 Teil a) Dieser Teil ist offensichtlich und dient ausschließlich als Hinweis für den Aufgabenteil b).

Definiere nämlich einen Gruppenhomomorphismus

$$G/N \to \mathrm{GL}(V)$$

$$gN \mapsto \rho(g)$$

Da $\rho(gn) = \rho(g)\rho(n) = \rho(g)$ für alle $g \in G$ und $n \in N$, ist die obige Abbildung der wohldefinierte Gruppenhomomorphismus, den wir suchen. In der Literatur wird diese Konstruktion manchmal als *Deflation* bezeichnet (cf. mit der Inflation im Kap. 4).

Teil b) Es sei an dieser Stelle bemerkt, dass die Gruppen der Ordnung p^3 klassifiziert sind. Wir möchten aber in dieser Übungsaufgabe diese Klassifikation nicht benutzen.

Sei $\rho: G \to \mathrm{GL}_n(K)$ eine irreduzible Darstellung von G vom Grad $n > 1$. Sei $N := \mathrm{Ker}\rho$.

Nach Teil a) faktorisiert sich der Homomorphismus ρ über G/N, d.h es existiert ein Homomorphismus $\tilde{\rho}$, so dass das folgende Diagramm kommutiert:

$$G \xrightarrow{\pi} G/N \xrightarrow{\tilde{\rho}} \mathrm{GL}_n(K)$$
$$\underbrace{\qquad\qquad\qquad\qquad}_{\rho}$$

Dabei bezeichnen wir mit π die kanonische Projektion.

Da $|N| \mid |G| = p^3$, ist $|N| = 1, p, p^2$ oder p^3. Ohne Einschränkung ist $|N| = p$ oder p^2 (falls $N = 1$ ist, dann ist die Darstellung ρ treu und wir sind fertig, und falls $N = G$ ist, dann ist die Darstellung ρ trivial und folglich, da ρ irreduzibel ist, müsste ρ eindimensional sein, d. h. $n = 1$, was unseren Annahmen widerspricht).

Folglich ist $|G/N| = p^2$ oder p und damit ist G/N abelsch (cf. Aufgabe 45). Folglich sind alle irreduziblen Darstellungen von G/N eindimensional.

Nach Aufgabe 9 ist die Irreduzibilität von Darstellungen ρ und $\tilde{\rho}$ äquivalent. Da ρ nach unseren Voraussetzungen irreduzibel ist, ist $\tilde{\rho}$ eine irreduzible Darstellung

21 Grundlagen der Darstellungstheorie

einer abelschen Gruppe vom Grad $n > 1$ über einem algebraisch abgeschlossenen Körper K mit char $K \neq p$. Dies führt zu einem Widerspruch.

Bemerkung Eine weitere Aufgabe über Gruppen der Ordnung p^3 ist in Kap. 11 zu finden, nämlich Aufgabe 46.

Aufgabe 16 Teil a) Seien $\mathbb{F}_p \subset K$ der Primkörper und $0 \neq w \in V$ ein beliebiger Vektor. Wir betrachten eine $\mathbb{F}_p$-Unterdarstellung

$$W := {}_{\mathbb{F}_p}\langle gw, \, g \in G \rangle$$

von V, d.h. alle lineare Kombinationen von Vektoren der Form gw, $g \in G$, mit Koeffizienten aus dem Unterkörper $\mathbb{F}_p$ von K.

Es ist offensichtlich, dass $\dim_{\mathbb{F}_p} W < \infty$ ist, da W von endlich vielen Vektoren erzeugt ist (G ist endlich). Folglich ist W eine endliche Menge, nämlich $|W| = p^{\dim_{\mathbb{F}_p} W}$.

Die Gruppe G wirkt auf W auf natürliche Weise. Da G eine p-Gruppe ist, gilt nach der Formel (1.1) aus dem Kap. 1

$$|W^G| = |W| \mod p.$$

Folglich, da $|W| = 0 \mod p$ ist, $p \mid |W^G|$. Aber trivialerweise $0 \in W^G$. Damit ist $|W^G| \geq p$ und insbesondere $W^G \neq 0$ und folglich $V^G \neq 0$ wie gewünscht.

Teil b) Nach der Teilaufgabe a) existiert ein Vektor $0 \neq w \in V$ sodass $gw = w$ für alle $g \in G$ gilt. Folglich ist $Kw \subset V$ eine (triviale) Unterdarstellung von V über K. Da nach unseren Voraussetzungen V irreduzibel ist, ist $V = Kw$. Wir haben damit gezeigt, dass V eine triviale eindimensionale Darstellung der Gruppe G ist.

Kapitel 22
Charaktere von Darstellungen. Orthogonalitätsrelationen. Charaktertafeln

Aufgabe 17 Bekanntermaßen sieht der Charakter der regulären Darstellung wie folgt aus ($g \in G$):

$$\chi_{\text{reg}}(g) = \begin{cases} 0, & g \neq 1; \\ |G|, & g = 1. \end{cases}$$

Es genügt damit zu zeigen, dass die Ordnung von G die ganze Zahl $\chi(1)$ teilt. Sei triv die triviale eindimensionale Darstellung von G.

Wir betrachten nun das Skalarprodukt $\langle \chi, \text{triv} \rangle = \frac{1}{|G|}\chi(1)$. Dieses Skalarprodukt ist die Multiplizität der Darstellung triv in der Darstellung χ und damit eine natürliche Zahl oder Null. In anderen Worten $\frac{\chi(1)}{|G|} \in \mathbb{N}_0$.

Aufgabe 18 Wenn die Elemente g und h zueinander konjugiert sind, dann sind offensichtlich $\chi(g) = \chi(h)$ für alle $\chi \in \text{Irr}(G)$, da Charaktere von Darstellungen zentrale Funktionen sind (d. h. sie sind konstant auf den Konjugationsklassen).

Nehmen wir nun an, dass $\chi(g) = \chi(h)$ für alle $\chi \in \text{Irr}(G)$ gilt und g und h nicht konjugiert sind. Wir benutzen die Orthogonalitätsrelationen für Spalten der Charaktertafel:

$$0 = \sum_{\chi \in \text{Irr}(G)} \chi(g)\overline{\chi(h)} = \sum_{\chi \in \text{Irr}(G)} \chi(g)\overline{\chi(g)} = |Z_G(g)| \neq 0.$$

Die erste Gleichheit gilt dabei, da g und h nicht konjugiert sind. Damit erhalten wir einen Widerspruch.

Aufgabe 19 Sei χ der Charakter der Darstellung π. Wir bezeichnen mit triv die triviale eindimensionale Darstellung von G.

Der Charakter der dualen Darstellung π^* ist bekanntermaßen der komplex konjugierte Charakter $\bar{\chi}$ und der Charakter von $\pi \otimes \pi$ ist χ^2.

Die gesuchte Multiplizität ist gleich dem Skalarprodukt

$$\langle \chi^2, \mathrm{triv}\rangle = \langle \chi\bar\chi, \mathrm{triv}\rangle,$$

denn $\pi \simeq \pi^*$ nach unseren Voraussetzungen und damit $\chi = \bar\chi$.
Es gilt:

$$\langle \chi^2, \mathrm{triv}\rangle = \langle \chi\bar\chi, \mathrm{triv}\rangle = \frac{1}{|G|}\sum_{g\in G}\chi(g)\bar\chi(g) = \langle \chi, \chi\rangle = 1,$$

denn π ist nach unseren Voraussetzungen irreduzibel.

Aufgabe 20 Sei die Gruppe G perfekt. Dann ist die Anzahl der eindimensionalen Darstellungen von G gegeben durch $|G/[G,G]|$ und ist damit gleich eins.
Es gilt ferner

$$\sum_{\chi\in\mathrm{Irr}(G)} \deg(\chi)^2 = |G| = 24.$$

Es ist allerdings nicht möglich, die Zahl $23 = 24 - 1$ als Summe von Quadraten natürlicher Zahlen zu schreiben, die größer als 1 sind. Damit kann keine Gruppe der Ordnung 24 perfekt sein.

Aufgabe 21 Wir benutzen die Orthogonalitätsrelationen für Spalten der Charaktertafel.
Sei triv die triviale eindimensionale Darstellung von G und sei c die Mächtigkeit der Konjugationsklasse des Elements g von G.
Angenommen, es gelte $\chi(g) = 0$ für alle $\chi \in \mathrm{Irr}(G) \setminus \{\mathrm{triv}\}$.
Dann gilt:

$$\frac{|G|}{c} = \sum_{\mathrm{Irr}(G)}\chi(g)\chi(g^{-1}) = \mathrm{triv}(g)\mathrm{triv}(g^{-1}) = 1.$$

Damit ist $c = |G|$. Andererseits ist $\{1\}$ eine Konjugationsklasse von G und, da $G \neq 1$ ist, ist dann zwangsläufig $c \leq |G| - 1$. Wir erhalten damit einen Widerspruch.

Bemerkung Eine komplementäre Eigenschaft ist in Aufgabe 50 gegeben.

Aufgabe 22 Sei S_4 eine Untergruppe von $\mathrm{GL}_2(\mathbb{C})$. Dann haben wir insbesondere durch die Einbettung

$$\rho\colon S_4 \to \mathrm{GL}_2(\mathbb{C})$$

eine treue Darstellung gegeben. Die Charaktertafel von S_4 sieht wie folgt aus:

	1	6	8	3	6
	1	(1 2)	(1 2 3)	(1 2)(3 4)	(1 2 3 4)
triv	1	1	1	1	1
sgn	1	-1	1	1	-1
χ	2	0	-1	2	0
stand	3	1	0	-1	-1
stand'	3	-1	0	-1	1

Da jede komplexe endlich-dimensionale Darstellung isomorph zu einer direkten Summe von irreduziblen Darstellungen ist, kommen nur folgende Möglichkeiten für ρ in Betracht: Der Charakter der Darstellung ρ ist χ, 2triv, triv + sgn oder 2sgn.

Die Darstellung χ ist nicht treu: sie faktorisiert sich als

$$S_4 \to S_4/V_4 \to \mathrm{GL}_2(\mathbb{C}),$$

wobei

$$V_4 = \{1, (1\,2)(3\,4), (1\,3)(2\,4), (1\,4)(2\,3)\}$$

die Kleinsche Vierergruppe bezeichnet. Der erste Homomorphismus ist die kanonische Projektion auf $S_4/V_4 \simeq S_3$ und der zweite Homomorphismus ist die Standard-Darstellung von S_3.

Die Darstellungen mit Charakteren 2triv, triv + sgn und 2sgn sind ebenfalls nicht treu. Die Bilder dieser Darstellungen sind isomorph zu Untergruppen der Gruppe der Diagonalmatrizen aus $\mathrm{GL}_2(\mathbb{C})$ (diese Darstellungen sind direkte Summen von zwei eindimensionalen Darstellungen). Insbesondere sind die Bilder abelsch, S_4 allerdings nicht.

Damit kann S_4 keine Untergruppe von $\mathrm{GL}_2(\mathbb{C})$ sein.

Bemerkung Die Gruppe S_4 ist die Gruppe der orientierungserhaltenden Symmetrien eines Oktaeders. Folglich ist S_4 eine endliche Untergruppe von der Gruppe SO(3), die aus allen Drehungen des euklidischen Raums $\mathbb{R}^3$ besteht.

Mehr zu Symmetrien der platonischen Körper haben wir in Kap. 18 zusammengestellt; siehe auch Aufgabe 60.

Aufgabe 23 Es sei erinnert, dass der Charakter der regulären Darstellung wie folgt aussieht ($g \in G$):

$$\chi_{\mathrm{reg}}(g) = \begin{cases} 0, & g \neq 1; \\ |G|, & g = 1. \end{cases}$$

In der Zerlegung

$$\chi_{\mathrm{reg}} = \sum_{\rho \in \mathrm{Irr}(G)} a_\rho \rho, \quad a_\rho \in \mathbb{N}_0$$

sind die Multiplizitäten a_ρ gleich dem Skalarprodukt

$$\langle \rho, \chi_{\text{reg}} \rangle = \frac{1}{|G|} \sum_{g \in G} \rho(g) \chi_{\text{reg}}(g^{-1})$$
$$= \frac{1}{|G|} \rho(1) |G|$$
$$= \rho(1) = \deg \rho$$

wie gewünscht.

Aufgabe 24 Zuerst ermitteln wir die Zahlen a und b in der partiellen Charaktertafel der Gruppe G:

	1	a	3	b	6
	1	x	$(xy)^2$	y	xy
χ_1	1	1	1	1	1
χ_2	1	-1	1	1	-1
χ_3	.	0	.	.	.
χ_4	.	1	.	.	.
χ_5	3	-1	-1	0	1

Die Orthogonalität für Zeilen der Charaktertafel liefert:

$$\begin{cases} 0 = \langle \chi_1, \chi_2 \rangle = 1 - a + 3 + b - 6 = b - a - 2 \\ 0 = \langle \chi_1, \chi_5 \rangle = 3 - a - 3 + 6 = 6 - a \end{cases}$$

Folglich ist $a = 6$ und $b = 8$. Insbesondere $|G| = 1 + a + 3 + b + 6 = 24$.

Da allgemein das Produkt eines irreduziblen Charakters mit einem eindimensionalen Charakter wieder irreduzibel ist, ist $\chi_4 = \chi_2 \cdot \chi_5$.

Aus

$$24 = |G| = \sum_{i=1}^{5} \chi_i(1)^2 = 1^2 + 1^2 + \chi_3(1)^2 + 3^2 + 3^2$$

folgt sofort $\chi_3(1) = 2$. Alle andere Einträge der Charaktertafel findet man mit Hilfe der Orthogonalitätsrelationen für Spalten der Charaktertafel.

22 Charaktere von Darstellungen. Orthogonalitätsrelationen.... 97

Das Ergebnis ist nun wie folgt:

	1	6	3	8	6
	1	x	$(xy)^2$	y	xy
χ_1	1	1	1	1	1
χ_2	1	-1	1	1	-1
χ_3	2	0	2	-1	0
$\chi_4 = \chi_2\chi_5$	3	1	-1	0	-1
χ_5	3	-1	-1	0	1

Schließlich, ist es nicht schwer zu sehen, dass die Gruppe G isomorph zur symmetrischen Gruppe S_4 ist.

Aufgabe 25 Dies ist eine mündliche Aufgabe. Etwas komplexere Aufgaben dieser Art finden sich in späteren Kapiteln dieses Buches.

Wir beginnen die Charaktertafel langsam zu füllen. Zunächst ist es klar, dass wir für χ_1 den trivialen eindimensionalen Charakter nehmen können, denn irgendwo muss der triviale Charakter stehen.

Als Nächstes finden wir den letzten fehlenden Eintrag für χ_2. Wir benutzen nämlich die Orthogonalität von χ_1 und χ_2. Es folgt, dass dieser Eintrag gleich $\omega^2 = \bar{\omega}$ sein muss. Genauso verfahren wir mit χ_4 und finden den fehlenden Eintrag, nämlich $\bar{\zeta}$.

Schließlich ist die duale Darstellung einer irreduziblen Darstellung immer irreduzibel. Deswegen können wir $\chi_3 = \chi_2^*$ und $\chi_5 = \chi_4^*$ nehmen (oder umgekehrt).

Damit haben wir die sämtlichen Zeilen gefüllt und so alle irreduzible Darstellungen gefunden. Das Ergebnis ist dabei wie folgt:

	1	3	3	7	7
χ_1	1	1	1	1	1
χ_2	1	1	1	ω	$\bar{\omega}$
$\chi_3 = \chi_2^*$	1	1	1	$\bar{\omega}$	ω
χ_4	3	ζ	$\bar{\zeta}$	0	0
$\chi_5 = \chi_4^*$	3	$\bar{\zeta}$	ζ	0	0

Aufgabe 26 Teil a) Seien $n = \chi(1)$ der Grad unserer Darstellung π und $g \in G$ ein beliebiges Element. Definitionsgemäß ist $\chi(g)$ die Spur von $\pi(g)$, d.h. die Summe aller Eigenwerte von $\pi(g)$ (n Stück).

Sei nun $g \in G$ mit $g^2 = 1$. Dann sind alle Eigenwerte von $\pi(g)$ gleich ± 1. Folglich liegt $\chi(g)$ in $\mathbb{Z}$.

Aber $1 = -1 \mod 2$ und $\pi(g)$ hat n Eigenwerte. Folglich

$$\chi(g) = n = \chi(1) \mod 2.$$

Teil b) Sei nun $g \in G$ mit $g^3 = 1$ und seien die Elemente g und g^{-1} konjugiert zueinander.

Wie in der Teilaufgabe a) analysieren wir die Eigenwerte von $\pi(g)$. Da $g^3 = 1$ ist, sind die Eigenwerte von $\pi(g)$ gleich $1, \omega, \omega^2$ mit $\omega = e^{2\pi i/3}$ (insgesamt $\chi(1)$ Eigenwerte). Da g und g^{-1} konjugiert sind, sind die Multiplizitäten von den Eigenwerten ω und ω^2 gleich. Außerdem ist $\omega + \omega^2 = -1$.

Seien a die Multiplizität des Eigenwerts 1 von $\pi(g)$ und b die Multiplizität des Eigenwerts ω von $\pi(g)$. Dann gilt

$$\chi(1) = a + 2b$$

und

$$\chi(g) = a + b(\omega + \omega^2)$$
$$= a - b \in \mathbb{Z}.$$

Aber $-1 = 2 \mod 3$. Folglich erhalten wir

$$\chi(g) = a + 2b = \chi(1) \mod 3.$$

Kapitel 23
Darstellungen von abelschen Gruppen

Aufgabe 27 Es bietet sich an, Drehungen um einen 90°-Winkel zu betrachten. Die entsprechende Drehmatrix (gegen den Uhrzeigersinn) in der Ebene ist $\begin{pmatrix} 0 & -1 \\ 1 & 0 \end{pmatrix}$ und es ist leicht nachzurechnen, dass sie tatsächlich Ordnung 4 hat.

Wir behaupten, dass diese Darstellung (die das Element $\bar{1} \in \mathbb{Z}/\langle 4 \rangle$ auf die obige Matrix schickt) über $\mathbb{R}$ irreduzibel ist.

Sei $\langle \begin{pmatrix} a \\ b \end{pmatrix} \rangle$ ein eindimensionaler invarianter Unterraum von $\mathbb{R}^2$. Dann ist $\begin{pmatrix} 0 & -1 \\ 1 & 0 \end{pmatrix} \begin{pmatrix} a \\ b \end{pmatrix} = \begin{pmatrix} \lambda a \\ \lambda b \end{pmatrix}$ für ein $\lambda \in \mathbb{R}$. Es folgt, dass $\lambda a = -b$ und $\lambda b = a$, woraus $-b = \lambda^2 b$ folgt. Da nicht a und b gleichzeitig null sein können, ist $\lambda \neq 0$ und folglich $\lambda^2 > 0$ und damit $b = 0$. Folglich ist $a = 0$ und wir erhalten einen Widerspruch.

Am obigen Lösungsweg ist auch die Stelle, an der wir benutzt haben, dass der Grundkörper $\mathbb{R}$ und nicht $\mathbb{C}$ ist, klar erkennbar: Über $\mathbb{C}$ ist ein invarianter eindimensionaler Raum problemlos zu finden, und unsere Darstellung zerfällt über $\mathbb{C}$ (im Einklang mit der Theorie) in eine direkte Summe von zwei eindimensionalen komplexen Darstellungen.

Abschließend bemerken wir noch, dass die Zahl λ natürlich ein Eigenwert der Drehmatrix $\begin{pmatrix} 0 & -1 \\ 1 & 0 \end{pmatrix}$ ist. Es ist aber bekannt, dass die (nicht diagonalen) Drehmatrizen in der Ebene keine reellen Eigenwerte besitzen. In diesem Sinne waren die obigen Berechnungen eigentlich überflüssig.

Aufgabe 28 Es gilt:

$$|G| = \sum_{\chi \in \mathrm{Irr}(G)} \deg(\chi)^2 = \sum_{\chi \in \mathrm{Irr}(G)} 1^2 = |\mathrm{Irr}(G)|.$$

Außerdem ist die Anzahl der irreduziblen komplexen Darstellungen einer endlichen Gruppe G gleich der Anzahl der Konjugationsklassen von G. Da die Konjugationsklassen disjunkt sind, heißt es in unserem Fall, dass alle Konjugationsklassen von G einelementig sind. Das bedeutet aber, dass G abelsch ist.

Aufgabe 29 Als Erstes schreiben wir die Taylor-Reihe der Funktion $\frac{1}{(1-t)^n}$. Es gilt:

$$\frac{1}{(1-t)^n} = \sum_{k=0}^{\infty} \binom{k+n-1}{n-1} t^k.$$

Der einfachste Weg, diese Formel zu zeigen, ist, einen Induktionsbeweis über n zu führen, bei dem sukzessive Ableitungen von beiden Seiten dieser Identität zu bilden sind.

Die Binomialkoeffizienten in dieser Formel sind aber noch aus einem anderen Kontext bekannt. Es gilt nämlich:

$$\binom{k+n-1}{n-1} = \binom{k+n-1}{k} =: \left(\!\binom{n}{k}\!\right)$$

$= $ die Anzahl aller Kombinationen von k Objekten

  aus einer Menge von n Objekten mit Wiederholungen

$= $ die Anzahl der Monome vom Grad k von n Variablen

Der Standardbeweis für diese Formel benutzt die berühmte *stars and bars* Methode:

Nehme eine Menge aus $k+n-1$ Elementen und bezeichne sie alle mit einem Stern $*$ (star) und schreibe sie nacheinander in eine Zeile. Wähle dann $n-1$ Elemente aus dieser Menge und ersetze sie durch einen senkrechten Strich | (bar). Es gibt genau $\binom{k+n-1}{n-1}$ Möglichkeiten eine $(n-1)$-elementige Teilmenge zu bilden. Jede solche Wahl entspricht einem Monom vom Grad k von n Variablen (und genauso umgekehrt).

Als Beispiel betrachten wir $k=6$ und $n=3$. Dann $n+k-1=8$ und wir haben folgende selbsterklärende Korrespondenz:

$$| * * * * | * * \text{ entspricht } x_1^0 x_2^4 x_3^2$$

Zum Schluss analysieren wir die endlich-dimensionalen komplexen Darstellungen einer abelschen Gruppe G der Ordnung n.

Nach dem Satz von Maschke (Satz 1, Kap. 3) ist jede endlich-dimensionale komplexe Darstellung von G isomorph zu einer direkten Summe von irreduziblen Darstellungen. Ferner besagt der Satz von Krull–Remak–Schmidt[1] (Satz 4, Kap. 3), dass

---

[1] Otto Schmidt war nicht nur Mathematiker, sondern auch Politiker und Polarforscher. Berühmtheit erhielt er hauptsächlich durch seine Expeditionen in die Arktis, insbesondere seine Erstpassage und spätere Erkundung des Nördlichen Seewegs.

23 Darstellungen von abelschen Gruppen

diese Zerlegung in eine direkte Summe von irreduziblen komplexen Darstellungen eindeutig ist (bis auf Isomorphie und Reihenfolge). Außerdem sind für abelsche Gruppen G alle irreduziblen komplexen Darstellungen eindimensional.

Diese Eigenschaften zusammen implizieren, dass die Anzahl aller nicht isomorphen komplexen k-dimensionalen Darstellungen von G gleich $\binom{n}{k}$ ist und dies beendet die Lösung.

Bemerkung In der Lösung dieser Aufgabe haben wir eine amüsante Mischung aus Analysis (Taylor-Reihen), Kombinatorik (Binomialkoeffizienten) und Darstellungstheorie.

Eine Bemerkung am Rande: dieselbe Reihe $\frac{1}{(1-t)^n}$ kommt in der Dimensionstheorie im Kontext der Poincaré-Reihen und Hilbert-Funktionen vor, genauer gesagt bei der Berechnung der Dimension des affinen Raumes. Für weitere Details sei auf [AM, Beispiel in Kap. 11, S. 118] verwiesen.

Aufgabe 30 Wir schreiben den Charakter χ als eine Linearkombination in der Basis Irr(A) aus irreduziblen Charakteren:

$$\chi = \sum_{\varphi \in \text{Irr}(A)} \alpha_\varphi \varphi,$$

wobei $\alpha_\varphi \in \mathbb{N}_0$.

Es gilt nun:

$$\sum_{\varphi \in \text{Irr}(A)} \alpha_\varphi^2 = \langle \chi, \chi \rangle = \frac{1}{|A|} \sum_{a \in A} \chi(a) \overline{\chi(a)} = \frac{1}{|A|} \sum_{a \in A} |\chi(a)|^2.$$

Außerdem ist $\chi(1) = \sum_{\varphi \in \text{Irr}(A)} \alpha_\varphi$, da A abelsch ist und alle ihre irreduziblen komplexen Darstellungen eindimensional sind. Damit haben wir die Übungsaufgabe auf folgende Fragestellung reduziert: Stimmt es, dass

$$\sum_{\varphi \in \text{Irr}(A)} \alpha_\varphi^2 \geq \sum_{\varphi \in \text{Irr}(A)} \alpha_\varphi ?$$

Und das ist natürlich richtig, da alle α_φ in $\mathbb{N}_0$ liegen.

Aufgabe 31 Sei $\rho \colon G \to \text{GL}(V)$ unsere irreduzible Darstellung mit Charakter χ. Die Restriktion $\pi := \rho|_A$ ist eine Darstellung der abelschen Gruppe A. Sei ψ der Charakter von π, d.h. $\psi = \chi|_A$. Nach Aufgabe 30 gilt

$$\sum_{a \in A} |\psi(a)|^2 \geq |A|\psi(1) = |A|\chi(1).$$

Da ρ irreduzibel ist, ist
$$\sum_{g\in G}|\chi(g)|^2 = |G|$$
und folglich
$$|G| \geq \sum_{a\in A}|\chi(a)|^2 \geq |A|\chi(1).$$

Aus $|G| = |A|n$ folgt schließlich $n \geq \chi(1)$.

Beispiel Die Diedergruppe D_m der Ordnung $2m$ enthält die zyklische Gruppe C_m. Folglich können alle komplexen irreduziblen Darstellungen von D_m nur Grad 1 oder 2 haben.

Bemerkung Im Kontext dieser Übungsaufgabe könnte man sich fragen, ob es hier eine präzisere Aussage gültig ist? Die erste Vermutung, dass $\chi(1)$ die Zahl n teilt, ist im Allgemeinen falsch. Wenn man allerdings zusätzlich voraussetzt, dass A ein Normalteiler der Gruppe G ist, dann ist $\chi(1)$ tatsächlich ein Teiler von $n = |G : A|$ (Satz von Ito, [Isa, Theorem 6.15]).

Kapitel 24
Das Zentrum und die Kommutatoruntergruppe

Aufgabe 32 Sei
$$H = \bigcap_{\chi \in \text{Irr}(G),\, \chi(1) \neq 1} \text{Ker}\,\chi.$$

Offensichtlich ist H ein Normalteiler von G, da alle $\text{Ker}\,\chi$ Normalteiler von G sind.
Außerdem ist
$$\bigcap_{\chi \in \text{Irr}(G)} \text{Ker}\,\chi = 1,$$

wie wir jetzt zeigen: Es sei $f \in \bigcap_{\chi \in \text{Irr}(G)} \text{Ker}\,\chi$. Dann ist die Spalte in der Charaktertafel von G für die Konjugationsklasse, in der das Element f liegt, gleich der Spalte des neutralen Elements von G. Dann ist $f = 1$, denn sonst hätten wir einen Widerspruch mit der Orthogonalität der Spalten der Charaktertafel von G.

Damit gilt
$$H \cap [G, G] = 1.$$

Seien nun $x \in H$ und $g \in G$ beliebige Elemente. Es folgt sofort, dass $xgx^{-1}g^{-1} \in H \cap [G, G] = 1$ und damit ist x ein zentrales Element von G.

Aufgabe 33 Wir zeigen zunächst den Hinweis.

Sei $\rho \colon G \to \text{GL}(V)$ eine endlich-dimensionale komplexe Darstellung der Gruppe G und sei χ der Charakter von ρ.

Für alle $g \in G$ ist
$$\chi(g) = \text{Tr}\,\rho(g) = \sum_{i=1}^{m} \lambda_i,$$

wobei $\lambda_i \in \mathbb{C}$ alle Eigenwerte von $\rho(g)$ sind und $m = \chi(1) = \dim V$.

Sei nun $g \in Z(\chi)$. Es gilt:

$$m = \chi(1) = |\chi(g)| = |\lambda_1 + \ldots + \lambda_m| \le |\lambda_1| + \ldots + |\lambda_m|.$$

Allerdings sind alle Eigenwerte von $\rho(g)$ Einheitswurzeln, da

$$\rho(g)^{|G|} = \rho(g^{|G|}) = \rho(1) = \mathrm{id}_V$$

ist. Folglich sind $|\lambda_i| = 1$ für alle $i = 1, \ldots, m$ und damit

$$|\lambda_1| + \ldots + |\lambda_m| = m.$$

Zusammen mit der obigen Ungleichung bedeutet es, dass

$$|\lambda_1 + \ldots + \lambda_m| = |\lambda_1| + \ldots + |\lambda_m|,$$

d.h. wir haben eine Gleichheit in der Dreiecksungleichung. Folglich sind alle λ_i kollinear und haben dieselbe Richtung. Da sie allerdings alle auf dem Einheitskreis liegen, ist das nur dann möglich, wenn alle λ_i gleich sind.

Da der Endomorphismus $\rho(g)$ endliche Ordnung hat, folgt es aus der Jordanschen Normalform (wir sind hier über einem algebraisch abgeschlossenen Körper der Charakteristik 0), dass $\rho(g)$ diagonalisierbar ist. Zusammengefasst bedeutet es, dass $\rho(g)$ eine Skalierung ist.

Wir haben also den Hinweis bewiesen:

$$Z(\chi) = \{g \in G \mid \rho(g) = \lambda \cdot \mathrm{id}_V \text{ für ein } \lambda \in \mathbb{C}\}.$$

Jetzt zeigen wir, dass

$$Z(G) = \bigcap_{\chi \in \mathrm{Irr}(G)} Z(\chi)$$

gilt.

Um die Inklusion „⊂" zu zeigen, nehmen wir ein Element $g \in Z(G)$ und einen irreduziblen Charakter $\chi \in \mathrm{Irr}(G)$. Sei $\rho \colon G \to \mathrm{GL}(V)$ die entsprechende Darstellung von G mit dem Charakter χ. Für alle $h \in G$ gilt offensichtlich

$$\rho(g)\rho(h) = \rho(h)\rho(g).$$

Folglich ist $\rho(g)$ ein G-äquivarianter Endomorphismus des Vektorraums V. Da ρ irreduzibel ist, impliziert das Lemma von Schur, dass ein $\lambda \in \mathbb{C}$ existiert, so dass $\rho(g) = \lambda \cdot \mathrm{id}_V$ ist. Damit liegt g in $Z(\chi)$. Da $\chi \in \mathrm{Irr}(G)$ beliebig war, liegt g in $\bigcap_{\chi \in \mathrm{Irr}(G)} Z(\chi)$.

Um die Inklusion „⊃" zu zeigen, nehmen wir ein Element g aus $\bigcap_{\chi \in \mathrm{Irr}(G)} Z(\chi)$. Sei $\chi \in \mathrm{Irr}(G)$ und $\rho \colon G \to \mathrm{GL}(V)$ die Darstellung von G mit dem Charakter χ. Dann ist $\rho(g) = \lambda \cdot \mathrm{id}_V$ für ein $\lambda \in \mathbb{C}$. Folglich ist

$$\rho(g)\rho(h)\rho(g)^{-1}\rho(h)^{-1} = \mathrm{id}_V$$

für alle $h \in G$. Damit ist $ghg^{-1}h^{-1} \in \operatorname{Ker}\rho = \operatorname{Ker}\chi$. Da $\chi \in \operatorname{Irr}(G)$ beliebig war, liegt $ghg^{-1}h^{-1} \in \bigcap_{\chi \in \operatorname{Irr}(G)} \operatorname{Ker}\chi$.

In der Lösung zu Aufgabe 32 haben wir gesehen, dass allgemein $\bigcap_{\chi \in \operatorname{Irr}(G)} \operatorname{Ker}\chi = 1$ ist. Daraus folgt sofort, dass $ghg^{-1}h^{-1} = 1$ ist und damit, da $h \in G$ beliebig war, dass g in $Z(G)$ liegt. Damit ist der Beweis beendet.

Kapitel 25
Tensorprodukte von Darstellungen

Aufgabe 34 Im vorliegenden Fall handelt es sich um einen kanonischen Isomorphismus, den man auch explizit nachweisen könnte. In der Aufgabenstellung ist jedoch nur verlangt, eine schwächere Aussage nachzuweisen, nämlich nur die Existenz eines Isomorphismus, der nicht notwendigerweise kanonisch sein muss. Dies werden wir im Folgenden nachweisen, indem wir die Charaktere der beiden Seiten berechnen. Dieser Ansatz funktioniert deswegen, weil bekanntermaßen zwei endlich-dimensionale komplexe Darstellungen genau dann isomorph sind, wenn ihre Charaktere gleich sind.

Für eine beliebige Darstellung τ bezeichnen wir mit χ_τ ihren Charakter.

Sei $g \in G$. Für die linke Seite haben wir:

$$\chi_{\mathrm{Sym}^2(\pi \oplus \rho)}(g) = \frac{1}{2}(\chi_{\pi \oplus \rho}(g)^2 + \chi_{\pi \oplus \rho}(g^2))$$
$$= \frac{1}{2}\Big((\chi_\pi(g) + \chi_\rho(g))^2 + \chi_\pi(g^2) + \chi_\rho(g^2)\Big).$$

Für die rechte Seite haben wir:

$$\chi_{\mathrm{Sym}^2(\pi) \oplus (\pi \otimes \rho) \oplus \mathrm{Sym}^2(\rho)}(g) = \chi_{\mathrm{Sym}^2(\pi)}(g) + \chi_{\pi \otimes \rho}(g) + \chi_{\mathrm{Sym}^2(\rho)}(g)$$
$$= \frac{1}{2}(\chi_\pi(g)^2 + \chi_\pi(g^2)) + \chi_\pi(g)\chi_\rho(g) + \frac{1}{2}(\chi_\rho(g)^2 + \chi_\rho(g^2)).$$

Durch Ausmultiplizieren beider Formeln erhalten wir, dass für alle $g \in G$

$$\chi_{\mathrm{Sym}^2(\pi \oplus \rho)}(g) = \chi_{\mathrm{Sym}^2(\pi) \oplus (\pi \otimes \rho) \oplus \mathrm{Sym}^2(\rho)}(g)$$

gilt und folglich sind die Darstellungen $\mathrm{Sym}^2(\pi \oplus \rho)$ und $\mathrm{Sym}^2(\pi) \oplus (\pi \otimes \rho) \oplus \mathrm{Sym}^2(\rho)$ isomorph.

Aufgabe 35 Wir verfahren analog wie in Aufgabe 34 und berechnen die Charaktere von $\det \pi$ und $\Lambda^2(\pi)$.

Sei $g \in G$. Es gilt:

$$\chi_{\Lambda^2(\pi)}(g) = \frac{1}{2}(\chi_\pi(g)^2 - \chi_\pi(g^2))$$

und, da $\det \pi$ eindimensional ist,

$$\chi_{\det \pi}(g) = (\det \pi)(g) = \det(\pi(g)).$$

Wir bezeichnen mit Tr die Spur eines Endomorphismus; ferner bezeichnen wir mit E die Einheitsmatrix. Es gilt ferner:

$$\chi_\pi(g) = \operatorname{Tr}(\pi(g))$$

und

$$\chi_\pi(g^2) = \operatorname{Tr}(\pi(g^2)) = \operatorname{Tr}(\pi(g)^2).$$

Nach dem Satz von Cayley–Hamilton ist für alle Matrizen $A \in M_2(\mathbb{C})$

$$A^2 - (\operatorname{Tr} A)A + (\det A)E = 0.$$

Wenn wir den Spuroperator auf beide Seiten der Gleichung anwenden, bekommen wir

$$\operatorname{Tr}(A^2) - (\operatorname{Tr} A)^2 + 2 \det A = 0$$

und folglich für $A = \pi(g)$

$$\det \pi(g) = \frac{1}{2}(\chi_\pi(g)^2 - \chi_\pi(g^2))$$

wie gewünscht.

Aufgabe 36 Seien χ der Charakter von ρ und φ der Charakter von π. Dann ist χ^n der Charakter von $\rho^{\otimes n}$. Sei ferner $a_n = \langle \varphi, \chi^n \rangle$. Unser Ziel ist zu zeigen, dass nicht alle a_n Null sind.

Wir betrachten die erzeugende Funktion $\sum_{n=0}^\infty a_n t^n$. Es gilt:

$$\sum_{n=0}^\infty a_n t^n = \frac{1}{|G|} \sum_{n=0}^\infty \sum_C |C| \cdot \overline{\varphi(C)} \cdot \chi(C)^n \cdot t^n = \ldots,$$

wobei wir die Definition von a_n eingesetzt haben. Die innere Summe läuft dabei über allen Konjugationsklassen C von G.

Wir rechnen nun weiter:

25 Tensorprodukte von Darstellungen

$$\ldots = \frac{1}{|G|}\sum_C |C| \cdot \overline{\varphi(C)} \sum_{n=0}^{\infty} \chi(C)^n \cdot t^n = \frac{1}{|G|}\sum_C \frac{|C| \cdot \overline{\varphi(C)}}{1 - \chi(C)t}.$$

Da nach unserer Voraussetzung ρ treu ist, ist $\chi(C) \neq \chi(1)$ für alle Konjugationsklassen $C \neq \{1\}$ der Gruppe G. Wir setzen nun $t = \frac{1}{\chi(1)}$ in die obige Formel ein.

Wenn alle a_n Null sind, dann ist die linke Seite der Formel auch Null. Die rechte Seite ist eine endliche Summe über Konjugationsklassen C. Für $C \neq \{1\}$ erhalten wir eine endliche Zahl. Für $C = \{1\}$ ist allerdings $\frac{1}{\chi(1)}$ eine Polstelle der entsprechenden rationalen Funktion unter der Summe. Damit ist die rechte Seite gleich ∞ und dies führt zu einem Widerspruch.

Wir haben hier einen sehr deutlichen Widerspruch bekommen: $0 = \infty$. Dies könnte zu einem Gedanken führen, ob es hier eine präzisere Aussage gültig ist? Das ist tatsächlich so, wie wir in Aufgabe 37 gleich sehen werden.

Aufgabe 37 Da die Darstellung ρ treu ist, ist $\chi(g) \neq \chi(1)$ für alle $g \in G \setminus \{1\}$.

Seien $\alpha_1, \ldots, \alpha_m \in \mathbb{C}$ alle verschiedene Werte von χ mit $\alpha_1 = \chi(1)$. Betrachte die zentrale Funktion

$$f = \chi \cdot \prod_{i=2}^{m} (\chi - \alpha_i \cdot 1) \colon G \to \mathbb{C}.$$

Dabei bezeichnen wir mit 1 die triviale Funktion $G \to \mathbb{C}$, die alle Elemente von G auf 1 schickt (der Fall $m = 1$ tritt nur für $G = 1$ ein; in diesem Fall ist das leere Produkt in der Definition von f gleich 1).

Dann ist $f(g) = 0$ für alle $g \in G \setminus \{1\}$, da ρ treu ist. Wir berechnen als Nächstes $f(1)$:

$$f(1) = \chi(1) \prod_{i=2}^{m} (\chi(1) - \alpha_i) \neq 0.$$

Folglich ist f ein Vielfaches des Charakters der regulären Darstellung χ_{reg}:

$$f = \alpha \cdot \chi_{\text{reg}}, \ \alpha \in \mathbb{C} \setminus \{0\}.$$

Außerdem können wir das Produkt in der Definition von f ausmultiplizieren und erhalten folgenden Ausdruck für f:

$$f = \sum_{j=1}^{m} a_j \chi^j, \ a_j \in \mathbb{C}, \ a_m = 1.$$

Sei ψ der Charakter von π. Dann ist $\langle \psi, \chi_{\text{reg}} \rangle = \deg \pi \neq 0$ und folglich $\langle \psi, f \rangle = \alpha \langle \psi, \chi_{\text{reg}} \rangle \neq 0$. Dann ist $\langle \psi, a_n \chi^n \rangle \neq 0$ für ein $1 \leq n \leq m$ und schließlich ist

$\langle \psi, \chi^n \rangle \neq 0$ für dieses n. Dies beendet den Beweis, da χ^n genau der Charakter von $\rho^{\otimes n}$ ist.

Zu guter Letzt bemerken wir noch, dass das Intervall $1 \leq n \leq m$ für n natürlich beliebig verschoben werden kann, indem wir in der Definition von f vor dem Produkt statt χ eine passende Potenz von χ schreiben.

Kapitel 26
Induzierte Charaktere. Frobenius-Reziprozität

Aufgabe 38 Für Aufgaben dieser Art hat man eine allgemeine algorithmische Lösung.

Wie immer bezeichnen wir mit χ_W den Charakter einer Darstellung W.

Zuerst schreiben wir die Charaktertafel von $G = S_4$ auf:

S_4	1	6	8	3	6
	1	(1 2)	(1 2 3)	(1 2)(3 4)	(1 2 3 4)
triv	1	1	1	1	1
sgn	1	-1	1	1	-1
stand	3	1	0	-1	-1
stand$'$	3	-1	0	-1	1
U	2	0	-1	2	0

Für eine beliebige irreduzible Darstellung W von S_4 gilt nach der Frobenius-Reziprozität:

$$\text{Die Multiplizität von } W \text{ in } \text{Ind}_H^G(V)$$
$$= \langle \chi_{\text{Ind}_H^G(V)}, \chi_W \rangle = \langle \chi_V, \chi_{\text{Res}_H^G(W)} \rangle.$$

Deswegen schreiben wir als Nächstes die Restriktionen aller irreduziblen Darstellungen W von $G = S_4$ auf $H = S_3$. Statt Res_H^G schreiben wir einfach Res.

S_3	1	3	2
	1	(1 2)	(1 2 3)
Res triv	1	1	1
Res sgn	1	−1	1
Res stand	3	1	0
Res stand′	3	−1	0
Res U	2	0	−1
V	2	0	−1

Die letzte Zeile ist der Charakter der einzigen 2-dimensionalen irreduziblen Darstellung V von S_3. Die Tatsache, dass in diesem Beispiel $V \simeq \operatorname{Res} U$ ist, ist für den weiteren Lösungsverlauf irrelevant.

Jetzt können wir fünf Skalarprodukte berechnen:

$$\langle \chi_V, \chi_{\operatorname{Res triv}} \rangle = \frac{1}{6}(2-2) = 0$$

$$\langle \chi_V, \chi_{\operatorname{Res sgn}} \rangle = \frac{1}{6}(2-2) = 0$$

$$\langle \chi_V, \chi_{\operatorname{Res stand}} \rangle = \frac{1}{6}(6+0+0) = 1$$

$$\langle \chi_V, \chi_{\operatorname{Res stand}'} \rangle = \frac{1}{6}(6+0+0) = 1$$

$$\langle \chi_V, \chi_{\operatorname{Res} U} \rangle = \frac{1}{6}(4+2) = 1$$

Zusammengefasst haben wir $\operatorname{Ind}_H^G(V) \simeq \operatorname{stand} \oplus \operatorname{stand}' \oplus U$. Wir können am Ende noch zur Kontrolle berechnen, dass die Dimensionen der Darstellungen übereinstimmen:

$$4 \cdot 2 = |G:H| \dim V = 3 + 3 + 2.$$

Aufgabe 39 Wir berechnen das Skalarprodukt $\langle \chi_{\operatorname{Ind}_H^G(V)}, \chi_{\operatorname{Ind}_H^G(V)} \rangle$. Einerseits

$$\langle \chi_{\operatorname{Ind}_H^G(V)}, \chi_{\operatorname{Ind}_H^G(V)} \rangle = \Big\langle \sum_{i=1}^r d_i \chi_i, \sum_{i=1}^r d_i \chi_i \Big\rangle = \sum_{i=1}^r d_i^2.$$

Andererseits können wir mit Hilfe der Frobenius-Reziprozität dieses Skalarprodukt wie folgt schreiben:

$$\langle \chi_{\operatorname{Ind}_H^G(V)}, \chi_{\operatorname{Ind}_H^G(V)} \rangle = \langle \chi_V, \chi_{\operatorname{Res}_H^G \operatorname{Ind}_H^G(V)} \rangle$$

26 Induzierte Charaktere. Frobenius-Reziprozität 113

wobei χ_V (bzw. $\chi_{\operatorname{Res}_H^G \operatorname{Ind}_H^G(V)}$) den Charakter der Darstellung V (bzw. $\operatorname{Res}_H^G \operatorname{Ind}_H^G(V)$) bezeichnet. Da V irreduzibel ist, ist das Skalarprodukt $\langle \chi_V, \chi_{\operatorname{Res}_H^G \operatorname{Ind}_H^G(V)} \rangle$ gleich der Multiplizität von V in $\operatorname{Res}_H^G \operatorname{Ind}_H^G(V)$.

Aber
$$\dim \operatorname{Res}_H^G \operatorname{Ind}_H^G(V) = \dim \operatorname{Ind}_H^G(V) = |G:H| \dim V.$$

Folglich ist die Multiplizität von V in $\operatorname{Res}_H^G \operatorname{Ind}_H^G(V)$ nicht größer als der Index $|G:H|$. Insgesamt bekommen wir die gewünschte Ungleichung:

$$\sum_{i=1}^r d_i^2 \leq |G:H|.$$

Aufgabe 40 Die Untergruppe H als Vereinigung von einigen Konjugationsklassen von G ist offensichtlich ein Normalteiler von G (oder wir können direkt argumentieren, denn $yxy^{-1} = x^2 \in H$ und $y^2xy^{-2} = yx^2y^{-1} = (yxy^{-1})^2 = x^4 \in H$).

Da $|G/H| = 3$, ist $G/H \simeq C_3$ und wir bekommen mit Hilfe der Inflation drei eindimensionalen Darstellungen von G:

	1	3	3	7	7
	1	x	x^3	y	y^2
χ_1	1	1	1	1	1
χ_2	1	1	1	ω	ω^2
χ_3	1	1	1	ω^2	ω
χ_4	.	.	.	.	.
χ_5	.	.	.	.	.

wobei $\omega = e^{2\pi i/3}$.

Aus $21 = |G| = 1^2 + 1^2 + 1^2 + \deg(\chi_4)^2 + \deg(\chi_5)^2$ folgt sofort $\deg(\chi_4) = \deg(\chi_5) = 3$ als die einzige Lösung.

Wie im Hinweis angegeben, berechnen wir den induzierten Charakter $\operatorname{Ind}_H^G(\chi)$, wobei $\chi: H \to \mathbb{C}^*$ durch $\chi(x^l) = \zeta^l$, $l = 0, \ldots, 6$ mit $\zeta = e^{2\pi i/7}$ gegeben ist.

Da $H \trianglelefteq G$, ist $\operatorname{Ind}_H^G(\chi)(g) = 0$ für alle $g \in G \setminus H$.

Für $g = 1$ ist $\operatorname{Ind}_H^G(\chi)(1) = |G:H| \cdot \deg(\chi) = 3$.

Für ein allgemeines Element g benutzen wir Satz 14 aus Kap. 8:

$$\operatorname{Ind}_H^G(\chi)(g) = \sum_{\substack{s_i \in G/H \\ s_i^{-1} g s_i \in H}} \chi(s_i^{-1} g s_i).$$

Zuerst wählen wir Repräsentanten s_i von G/H. Wir nehmen dafür die Elemente 1, y^{-1} und y^{-2}.

Für $g = x$ haben wir:

$$\operatorname{Ind}_H^G(\chi)(x) = \chi(x) + \chi(yxy^{-1}) + \chi(y^2xy^{-2})$$
$$= \chi(x) + \chi(x^2) + \chi(x^4) = \zeta + \zeta^2 + \zeta^4 =: \alpha$$

und für $g = x^3$ haben wir:

$$\begin{aligned}\operatorname{Ind}_H^G(\chi)(x^3) &= \chi(x^3) + \chi(yx^3y^{-1}) + \chi(y^2x^3y^{-2}) \\ &= \chi(x^3) + \chi(x^6) + \chi(x^5) \\ &= \zeta^3 + \zeta^6 + \zeta^5 \\ &= -1 - \alpha = \bar{\alpha},\end{aligned}$$

wobei wir im letzten Schritt die offensichtliche Identität

$$1 + \zeta + \zeta^2 + \zeta^3 + \zeta^4 + \zeta^5 + \zeta^6 = \frac{1-\zeta^7}{1-\zeta} = 0$$

benutzt haben.

Der Charakter $\operatorname{Ind}_H^G(\chi)$ ist irreduzibel, denn sonst müsste $\operatorname{Ind}_H^G(\chi)$ eine ganzzahlige lineare Kombination der Charaktere χ_1, χ_2, χ_3 sein, was unmöglich ist, da α nicht ganz ist (alternativ könnte man das Skalarprodukt ausrechnen: $\langle \operatorname{Ind}_H^G(\chi), \operatorname{Ind}_H^G(\chi)\rangle = 1$).

Insgesamt bekommen wir nun folgende Charaktertafel von G:

	1	3	3	7	7
	1	x	x^3	y	y^2
χ_1	1	1	1	1	1
χ_2	1	1	1	ω	ω^2
χ_3	1	1	1	ω^2	ω
χ_4	3	α	$\bar{\alpha}$	0	0
χ_5	3	$\bar{\alpha}$	α	0	0

Zum Schluss können wir noch die Orthogonalität für Zeilen anwenden:

$$0 = \langle \chi_4, \chi_5 \rangle = 9 + 3\alpha^2 + 3\bar{\alpha}^2 = 9 + 3\alpha^2 + 3(-1-\alpha)^2.$$

Daraus folgt eine quadratische Gleichung für α, nämlich $\alpha^2 + \alpha + 2 = 0$. Folglich gilt $\alpha = -\frac{1}{2} \pm \frac{\sqrt{7}}{2}i$. Es ist allerdings nicht schwer zu erkennen, dass $\operatorname{Im} \alpha > 0$ ist. Daher ist $\alpha = -\frac{1}{2} + \frac{\sqrt{7}}{2}i$.

Bemerkung Gruppen der Ordnung pq für Primzahlen p und q mit $p < q$ sind klassifiziert. Wir unterscheiden zwei Fälle, nämlich $p \nmid (q-1)$ und $p \mid (q-1)$.

Wenn $p \nmid (q-1)$, dann gibt es nur die zyklische Gruppe C_{pq} und wenn $p \mid (q-1)$, dann gibt es zwei Gruppen der Ordnung pq: die zyklische Gruppe C_{pq} und eine nicht abelsche Gruppe, die wir folgendermaßen realisieren können.

Sei $u \in \mathbb{F}_q^*$ ein beliebiges Element der (multiplikativen) Ordnung p (es gibt genau $p-1$ solche Elemente; beachte, dass die multiplikative Gruppe $\mathbb{F}_q^*$ zyklisch ist). Dann ist die einzige nicht abelsche Gruppe der Ordnung pq isomorph zur Gruppe

26 Induzierte Charaktere. Frobenius-Reziprozität

$$\left\{ \begin{pmatrix} x & y \\ 0 & 1 \end{pmatrix} \in \mathrm{GL}_2(q) \mid x = u^n \text{ für ein } n \in \mathbb{Z} \text{ und } y \text{ ist beliebig} \right\}.$$

Mit derselben Methode wie für Gruppen der Ordnung 21 kann man auch die Charaktertafeln von allen Gruppen der Ordnung pq explizit beschreiben.

Aufgabe 41 Teil a) Offensichtlich sind $|N| = p$, $|G| = p(p-1)$ und $|G : N| = p - 1$. Es ist auch klar, dass N ein Normalteiler[1] von G ist.

Sei

$$\psi : N \to \mathbb{C}^*$$
$$\begin{pmatrix} 1 & b \\ 0 & 1 \end{pmatrix} \mapsto \zeta^b,$$

wobei $\zeta \neq 1$ eine p-te Einheitswurzel ist.

Wir möchten zeigen, dass das Skalarprodukt $\langle \mathrm{Ind}_N^G(\psi), \mathrm{Ind}_N^G(\psi) \rangle$ gleich 1 ist. Für den induzierten Charakter benutzen wir folgende Formel:

$$\mathrm{Ind}_N^G(\psi)(g) = \frac{1}{|N|} \sum_{\substack{x \in G \\ x^{-1}gx \in N}} \psi(x^{-1}gx), \ g \in G.$$

Da $N \triangleleft G$, sind die Bedingungen $x^{-1}gx \in N$ und $g \in N$ äquivalent. Insbesondere $\mathrm{Ind}_N^G(\psi)(g) = 0$ für $g \notin N$.

Seien $g = \begin{pmatrix} 1 & c \\ 0 & 1 \end{pmatrix} \in N$ und $x = \begin{pmatrix} a & b \\ 0 & 1 \end{pmatrix}$. Dann $x^{-1}gx = \begin{pmatrix} 1 & a^{-1}c \\ 0 & 1 \end{pmatrix}$ und $\psi(x^{-1}gx) = \zeta^{a^{-1}c} = (\zeta^c)^{a^{-1}}$.

Für $g = \begin{pmatrix} 1 & c \\ 0 & 1 \end{pmatrix} \in N \setminus \{1\}$ haben wir:

$$\mathrm{Ind}_N^G(\psi)(g) = \frac{1}{|N|} \sum_{x \in G} \psi(x^{-1}gx) = \frac{1}{|N|} \sum_{a \in \mathbb{F}_p^*, b \in \mathbb{F}_p} (\zeta^c)^{a^{-1}} = \frac{1}{|N|} \cdot p \cdot \sum_{a \in \mathbb{F}_p^*} (\zeta^c)^{a^{-1}}$$

$$= -1 + \sum_{a' \in \mathbb{F}_p} (\zeta^c)^{a'} = -1 + \frac{(\zeta^c)^p - 1}{\zeta^c - 1} = -1, \text{ da } c \neq 0.$$

Schließlich haben wir für $g = 1$

$$\mathrm{Ind}_N^G(\psi)(1) = |G : N| \deg(\psi) = p - 1.$$

Insgesamt bekommen wir folgende Formel für den induzierten Charakter:

---

[1] Hier haben wir ein für Algebra typisches Phänomen von redenden Buchstaben.

$$\mathrm{Ind}_N^G(\psi)(g) = \begin{cases} 0, & g \in G \setminus N; \\ -1, & g \in N \setminus \{1\}; \\ p-1, & g = 1. \end{cases}$$

Jetzt können wir das Skalarprodukt ausrechnen:

$$\langle \mathrm{Ind}_N^G(\psi), \mathrm{Ind}_N^G(\psi) \rangle = \frac{1}{|G|} \sum_{g \in G} \mathrm{Ind}_N^G(\psi)(g) \overline{\mathrm{Ind}_N^G(\psi)(g)}$$

$$= \frac{1}{|G|}\Big(|N| - 1 + (p-1)^2\Big) = \frac{1}{p(p-1)}(p - 1 + (p-1)^2) = 1.$$

Folglich ist $\mathrm{Ind}_N^G(\psi)$ irreduzibel.

Teil b) Wir benutzen die Bezeichnungen aus Teil a). Im Teil a) haben wir gezeigt, dass die Darstellung $\mathrm{Ind}_N^G(\psi)$ irreduzibel ist. Es gilt

$$\deg \mathrm{Ind}_N^G(\psi) = |G:N| \deg(\psi) = p - 1$$

und damit haben wir eine irreduzible Darstellung vom Grad $p - 1$ gefunden.

Es ist leicht zu sehen, dass $[G, G] = N$ ist. Folglich erhalten wir mit Hilfe der Inflation $|G/N| = p - 1$ eindimensionale Darstellungen von G.
Aber $|G| = \sum_{\chi \in \mathrm{Irr}(G)} \deg(\chi)^2$ und gleichzeitig

$$(p-1) \cdot 1^2 + (p-1)^2 = p(p-1) = |G|.$$

Damit haben wir alle irreduziblen Darstellungen von G gefunden.

Bemerkung Mit ähnlichen Berechnungen kann man zeigen, dass beide Teile dieser Aufgabe auch dann gelten, wenn man in der Fragestellung p durch eine beliebige Potenz von p ersetzt.

Kapitel 27
Clifford-Theorie

Aufgabe 42 Wir zeigen a) und b) gleichzeitig. Wir bezeichnen mit χ den Charakter von π.

Offensichtlich ist $\langle \chi|_H, \chi|_H \rangle \in \mathbb{N}$. Die Frobenius-Reziprozität impliziert:

$$\langle \chi|_H, \chi|_H \rangle = \langle \chi, \mathrm{Ind}_H^G(\chi|_H) \rangle \leq 2.$$

Außerdem wissen wir

$$\dim \mathrm{Ind}_H^G(\chi|_H) = |G:H| \cdot \deg \pi|_H = 2 \deg \pi|_H = 2 \deg \pi$$

und π ist irreduzibel. Damit ist die Multiplizität von χ in $\mathrm{Ind}_H^G(\chi|_H)$ höchstens 2.

Ferner können wir schreiben

$$1 = \langle \chi, \chi \rangle = \frac{1}{|G|} \sum_{g \in G} \chi(g)\overline{\chi(g)} = \frac{1}{|G|} \Big(\sum_{g \in H} \chi(g)\overline{\chi(g)} + \sum_{g \in G \setminus H} \chi(g)\overline{\chi(g)} \Big).$$

Außerdem gilt

$$\langle \chi|_H, \chi|_H \rangle = \frac{1}{|H|} \sum_{h \in H} \chi(h)\overline{\chi(h)} = \frac{2}{|G|} \sum_{h \in H} \chi(h)\overline{\chi(h)}.$$

Fall 1: Nehmen wir als erstes an, dass $\pi \not\cong \pi \otimes \varepsilon$, d.h. $\chi \neq \chi \cdot \varepsilon$. Dann existiert ein Element $g \in G \setminus H$ mit $\chi(g) \neq 0$. Es folgt, dass

$$\sum_{g \in G \setminus H} \chi(g)\overline{\chi(g)} = \sum_{g \in G \setminus H} |\chi(g)|^2 > 0$$

Falls $\langle \chi|_H, \chi|_H \rangle = 2$ ist, dann ist

$$1 = \langle \chi, \chi \rangle = 1 + \frac{1}{|G|} \sum_{g \in G \setminus H} |\chi(g)|^2 > 1,$$

was zu einem Widerspruch führt. Damit ist $\langle \chi|_H, \chi|_H \rangle = 1$, d.h. $\pi|_H$ ist eine irreduzible Darstellung von H.

Fall 2: Nehmen wir jetzt an, dass $\pi \simeq \pi \otimes \varepsilon$, d.h. $\chi = \chi \cdot \varepsilon$. Dann ist $\chi(g) = 0$ für alle $g \in G \setminus H$ und folglich

$$\sum_{g \in G \setminus H} \chi(g)\overline{\chi(g)} = 0 \text{ und } \langle \chi|_H, \chi|_H \rangle = 2.$$

Es gilt ganz allgemein (wir lassen es hier als eine weitere Übungsaufgabe): Wenn der Charakter φ einer endlich-dimensionalen komplexen Darstellung ρ die Eigenschaft hat, dass $\langle \varphi, \varphi \rangle = 2$ ist, dann ist ρ isomorph zu einer direkten Summe von zwei nicht isomorphen irreduziblen Darstellungen. (Die Leser können gerne versuchen diese Reihe fortzuführen: Was heißt es, wenn $\langle \varphi, \varphi \rangle = 3$ ist?)

In unserem Fall erhalten wir, dass

$$\pi|_H \simeq \pi_1 \oplus \pi_2$$

ist, wobei π_1 und π_2 nicht isomorphe irreduzible Darstellungen von H sind.

Sei ohne Einschränkung $\deg \pi_1 \leq \deg \pi_2$. Wir bezeichnen mit χ_1 den Charakter von π_1. Wir behaupten, dass $\pi \simeq \mathrm{Ind}_H^G(\pi_1)$ ist.

In der Tat impliziert die Frobenius-Reziprozität

$$\langle \chi, \mathrm{Ind}_H^G(\chi_1) \rangle = \langle \chi|_H, \chi_1 \rangle = 1.$$

Außerdem ist χ irreduzibel. Folglich gilt

$$\deg \pi \leq \deg \mathrm{Ind}_H^G(\pi_1) = 2 \deg \pi_1.$$

Damit erhalten wir

$$\deg \pi_2 \geq \deg \pi_1 \geq \frac{\deg \pi}{2}$$

und, da $\deg \pi_1 + \deg \pi_2 = \deg \pi$ ist, haben wir die Gleichheit gezeigt:

$$\deg \pi_1 = \deg \pi_2 = \frac{\deg \pi}{2}.$$

Der Isomorphismus $\pi \simeq \mathrm{Ind}_H^G(\pi_1)$ und der Rest der Aufgabe folgen sofort.
Bemerkung Natürlich gilt es auch $\pi \simeq \mathrm{Ind}_H^G(\pi_1) \simeq \mathrm{Ind}_H^G(\pi_2)$.

Aufgabe 43 Mit Hilfe der Clifford-Theorie können wir die Restriktion $\chi|_N$ folgendermaßen zerlegen:

27 Clifford-Theorie

$$\chi|_N = e \sum_{i=1}^{t} \varphi_i,$$

wobei φ_i alle konjugierten Charaktere eines irreduziblen Summanden φ von $\chi|_N$ sind und $e, t \in \mathbb{N}$. Insbesondere sind $\varphi_i(1) = \varphi(1)$ für alle i.

Es folgt, dass
$$\chi(1) = et\varphi(1)$$
und damit
$$\varphi(1) \mid \chi(1) \mid \frac{|G|}{|N|}.$$

Ferner gilt allgemein $\varphi(1) \mid |N|$ (Satz von Burnside) und folglich, da N Hallsch ist, ist $\varphi(1) = 1$. Damit ist $\chi|_N$ eine direkte Summe von eindimensionalen Darstellungen der Gruppe N und insbesondere $[N, N] \subset \mathrm{Ker}\chi$. Aus

$$\bigcap_{\chi \in \mathrm{Irr}(G)} \mathrm{Ker}\chi = 1$$

folgt die Behauptung, dass $[N, N] = 1$ ist.

Kapitel 28
Satz von Burnside. Charaktere und ganzalgebraische Zahlen

Aufgabe 44 Die Ordnung der Gruppe G ist $1^2 + 2^2 + \ldots + 8^2 = 204$. Andererseits teilen die Zahlen $1, 2, \ldots, 8$ die Ordnung von G (Satz von Burnside). Dies führt zu einem Widerspruch, da $5 \nmid 204$. Folglich existiert diese Gruppe nicht.

Bemerkung Die obige Fragestellung mag einem naiv vorkommen. Allerdings könnte man folgende modifizierte Frage stellen: Sei $k \in \mathbb{N}$. Gibt es eine endliche Gruppe G, deren irreduzible komplexe Darstellungen Grade $1, 2, \ldots, k$ mit möglichen Wiederholungen haben?

Die Antwort auf diese Frage ist in einem Satz von Bertram Huppert gegeben ([Hup, Theorem 32.1]). Die Antwort ist nämlich nein, wenn $k = 5$ oder $k \geq 7$ ist.

Ein mögliches positives Beispiel für $k = 6$ ist die Gruppe $SL_2(5)$, welche neun irreduzible komplexe Darstellungen mit Graden 1, 2, 2, 3, 3, 4, 4, 5, 6 hat ([Hup, Kap. 11]).

Aufgabe 45 Sei $|G| = p^n$ mit $n \geq 2$. Wir führen einen Widerspruchsbeweis und nehmen an, dass
$$|G : [G, G]| < p^2.$$
Da G eine p-Gruppe ist, folgt daraus, dass $|G : [G, G]| = 1$ oder p ist.

Die Anzahl der eindimensionalen Darstellungen von G ist ebenso der Index $|G : [G, G]|$. Alle anderen irreduziblen komplexen Darstellungen von G haben Dimensionen, die durch p teilbar sind (Satz von Burnside).

Wir erhalten nun folgende Identität:
$$p^n = |G| = \sum_{\chi \in \mathrm{Irr}(G)} \deg(\chi)^2 = |G : [G, G]| + p^2 s \text{ für ein } s \in \mathbb{N}_0.$$

Modulo p^2 ergibt sich dadurch ein Widerspruch, da $n \geq 2$ und $|G : [G, G]| = 1$ oder p ist. Der zweite Teil der Fragestellung, dass jede Gruppe der Ordnung p^2

abelsch ist, folgt sofort. Die vorliegende Methode bietet übrigens einen eleganten Beweis für diese sehr bekannte Eigenschaft.

Aufgabe 46 Es sei an dieser Stelle bemerkt, dass die Gruppen der Ordnung p^3 klassifiziert sind. Wir möchten aber in dieser Übungsaufgabe diese Klassifikation nicht benutzen.

Es gilt
$$p^3 = |G| = \sum_{\chi \in \mathrm{Irr}(G)} \deg(\chi)^2.$$

Außerdem gilt mit dem Satz von Burnside
$$\deg(\chi) \mid |G|$$

für alle $\chi \in \mathrm{Irr}(G)$. Es folgt sofort, dass $\deg(\chi) = 1$ oder p ist (Grad p^2 oder p^3 wäre schon zu viel). Sei a die Anzahl der irreduziblen Darstellungen von G vom Grad p.

Da G nicht abelsch ist, ist $[G, G] \neq 1$. Außerdem, da G eine p-Gruppe ist, ist G auflösbar und damit $G \neq [G, G]$. Es folgt, dass $[G, G]$ entweder p oder p^2 Elemente hat.

Nehmen wir zunächst an, dass $|[G, G]| = p^2$. Dann ist $|G/[G, G]| = p$ und damit besitzt G genau p eindimensionale Darstellungen. Es folgt dann
$$p^3 = |G| = 1 \cdot p + p^2 \cdot a.$$

Modulo p ergibt sich dadurch ein Widerspruch.

Wir haben also gezeigt, dass $|[G, G]| = p$ und $|G/[G, G]| = p^2$ sein muss. Damit besitzt G genau p^2 eindimensionalen Darstellungen. Es folgt
$$p^3 = |G| = 1 \cdot p^2 + p^2 \cdot a$$

und folglich $a = p - 1$.

Zusammengefasst besitzt G genau p^2 eindimensionale Darstellungen und genau $p - 1$ irreduzible Darstellungen vom Grad p.

Bemerkung Eine weitere Aufgabe über Gruppen der Ordnung p^3 ist Aufgabe 15.

Aufgabe 47 Teil a) ist offensichtlich, da det multiplikativ ist, und dient ausschließlich als Hinweis für den Teil b).

Für **Teil b)** bemerken wir zunächst, dass a priori eine 2-dimensionale irreduzible Darstellung von G existieren könnte, da nach dem berühmten Satz von Feit–Thompson[1] die Ordnung jeder endlichen einfachen nicht abelschen Gruppe durch 2

---

[1] Der Satz von Feit–Thompson war einer der Meilensteine auf dem Weg zur Klassifikation von endlichen einfachen Gruppen. Dieser Satz hatte auch einen großen psychologischen Effekt. Nach

28 Satz von Burnside. Charaktere und ganzalgebraische Zahlen

teilbar ist[2]. Insbesondere können wir die Existenz einer irreduziblen 2-dimensionalen Darstellung nicht mit Hilfe des Satzes von Burnside ausschließen.

Falls G abelsch ist, dann sind alle irreduziblen komplexen Darstellungen von G eindimensional. Deswegen können wir ohne Einschränkung annehmen, dass G nicht abelsch ist.

Alle eindimensionalen komplexen Darstellungen von G stehen in einer eins-zu-eins Korrespondenz mit den Elementen der Abelisierung $G^{ab} = G/[G, G]$. Da G eine endliche einfache nicht abelsche Gruppe ist, ist G perfekt, d.h. $G = [G, G]$ und folglich besitzt G nur die triviale eindimensionale Darstellung.

Sei nun $\rho: G \to \mathrm{GL}_2(\mathbb{C})$ eine irreduzible 2-dimensionale Darstellung von G. Da $\mathrm{Ker}\,\rho$ ein Normalteiler von G ist und die Darstellung ρ offensichtlich nicht trivial ist, ist $\mathrm{Ker}\,\rho = 1$, d.h. ρ ist injektiv.

Da G eine irreduzible komplexe Darstellung vom Grad 2 hat, ist nach dem Satz von Burnside die Ordnung von G gerade. Folglich hat G eine Involution, d.h. ein Element $g \in G$ der Ordnung 2. Da ρ injektiv ist, hat $\rho(g)$ auch die Ordnung 2.

Zusammengefasst haben wir eine komplexe 2×2 Matrix $\rho(g)$ der Ordnung 2. Trivialerweise sind dann die Eigenwerte dieser Matrix gleich ± 1 und die Matrix ist diagonalisierbar.

Wie im Teil a) betrachten wir die eindimensionale Darstellung

$$\det \rho: G \to \mathbb{C}^*$$
$$x \mapsto \det \rho(x)$$

Wie wir oben gesehen haben, sind alle eindimensionalen Darstellungen von G trivial. Insbesondere $\mathrm{Im}\,\rho \leq \mathrm{SL}_2(\mathbb{C})$, d.h. die Matrix $\rho(g)$ hat Determinante 1. Folglich sind beide Eigenwerte von $\rho(g)$ entweder 1 oder -1, d.h. $\rho(g) = \pm E$, wobei E die 2×2-Einheitsmatrix bezeichnet. Da $g \neq 1$ und ρ injektiv ist, ist eigentlich $\rho(g) = -E$.

Insbesondere liegt $\rho(g)$ im Zentrum von $\mathrm{GL}_2(\mathbb{C})$ und insbesondere auch im Zentrum von $\rho(G) \simeq G$. Da aber G einfach und nicht abelsch ist, und das Zentrum einer

---

diesem Satz hat man angefangen langsam wirklich zu glauben, dass eine Klassifikation der endlichen einfachen Gruppen möglich ist. Als eine Bemerkung am Rande: Ein anderer bedeutender Meilenstein in der Klassifikation von endlichen einfachen Gruppen war die Entwicklung der Theorie der modularen Darstellungen. Die ganze Theorie wurde in einer Serie von Arbeiten durch einen einzigen Mathematiker entwickelt, nämlich durch Richard Brauer. Da die Fragestellung als äußerst schwierig galt, hatte damals kaum jemand an die Möglichkeit der Entwicklung einer solchen Theorie geglaubt.

[2] Eigentlich sogar durch 4: Sei $|G| = 2n$ mit einer ungeraden Zahl n. Dann besitzt G eine Involution g (d.h. ein Element der Ordnung 2). Die Wirkung von G auf sich selbst durch Linksmultiplikation induziert einen Gruppenhomomorphismus $G \to S_{2n}$. Das Bild der Involution g ist eine Involution in S_{2n}, die keine Fixpunkte hat. Damit, da n ungerade ist, hat sie das Vorzeichen -1. Folglich ist der Homomorphismus $G \to S_n \xrightarrow{\mathrm{sgn}} \{\pm 1\}$ surjektiv und sein Kern ist ein Normalteiler von G. Da G einfach und nicht abelsch ist, führt das zu einem Widerspruch.

Gruppe immer ein Normalteiler ist, muss das Zentrum von G trivial sein, d. h. $g = 1$ und $\rho(g) = E$. Dies führt zu einem Widerspruch.

Aufgabe 48 Diese Übungsaufgabe verallgemeinert Aufgabe 17. Aufgabe 17 ist nämlich ein Spezialfall mit $a = 0$.

Teil a) Wir zerlegen den Charakter φ in der Basis aus irreduziblen Charakteren:

$$\varphi = \sum_{\chi \in \mathrm{Irr}(G)} a_\chi \cdot \chi \text{ mit } a_\chi \in \mathbb{N}_0.$$

Definiere $a := \varphi(g)$ für ein beliebiges $g \in G \setminus \{1\}$. Insbesondere ist a ganzalgebraisch.

Die Koeffizienten a_χ kann man mit Hilfe des Skalarprodukts bestimmen: $a_\chi = \langle \varphi, \chi \rangle$.

Es gilt:

$$a_{\mathrm{triv}_G} = \langle \varphi, \mathrm{triv}_G \rangle = \frac{1}{|G|} \sum_{g \in G} \varphi(g) = \frac{1}{|G|}(\varphi(1) + (|G| - 1)a) \in \mathbb{N}_0.$$

Insbesondere ist auch

$$\varphi(1) + (|G| - 1)a \in \mathbb{N}_0.$$

Wir werden obige Formel ausschließlich im Teil b) benutzen. Es folgt auch

$$a = \frac{|G|a_{\mathrm{triv}_G} - \varphi(1)}{|G| - 1}.$$

Dies ist gleichzeitig eine rationale Zahl und eine ganzalgebraische Zahl. Folglich ist $a \in \mathbb{Z}$. Wir definieren nun b als

$$b = \frac{\varphi(1) - a}{|G|}.$$

Aus obigen Formeln folgt sofort, dass $a_{\mathrm{triv}_G} = b + a$. Da sowohl a_{triv_G} als auch a ganz sind, ist auch b ganz.

Als Nächstes bestimmen wir die Multiplizitäten a_χ für irreduzible $\chi \neq \mathrm{triv}_G$. Wenn $\chi \neq \mathrm{triv}_G$ ist, dann

$$0 = \langle \chi, \mathrm{triv}_G \rangle = \frac{1}{|G|} \sum_{g \in G} \chi(g).$$

Folglich

$$\sum_{g \in G \setminus \{1\}} \chi(g) = -\chi(1)$$

28 Satz von Burnside. Charaktere und ganzalgebraische Zahlen

und

$$\mathbb{N}_0 \ni a_\chi = \langle \varphi, \chi \rangle = \frac{1}{|G|} \sum_{g \in G} \chi(g)\overline{\varphi(g)}$$

$$= \frac{1}{|G|}\Big(\chi(1)\varphi(1) + \sum_{g \in G \setminus \{1\}} \chi(g)a\Big)$$

$$= \frac{1}{|G|}(\chi(1)\varphi(1) - a\chi(1))$$

$$= \chi(1)b.$$

Da $\chi(1) \in \mathbb{N}$, ist $b \geq 0$.

Alles zusammengefasst haben wir folgende Identität:

$$\varphi = \sum_{\chi \in \mathrm{Irr}(G)} a_\chi \cdot \chi = a_{\mathrm{triv}_G} \cdot \mathrm{triv}_G + \sum_{\substack{\chi \in \mathrm{Irr}(G) \\ \chi \neq \mathrm{triv}_G}} a_\chi \cdot \chi$$

$$= (a+b)\mathrm{triv}_G + \sum_{\substack{\chi \in \mathrm{Irr}(G) \\ \chi \neq \mathrm{triv}_G}} \chi(1)b \cdot \chi$$

$$= a \cdot \mathrm{triv}_G + b \sum_{\chi \in \mathrm{Irr}(G)} \chi(1) \cdot \chi$$

$$= a \cdot \mathrm{triv}_G + b \cdot \mathrm{reg}_G$$

wie gewünscht (im letzten Schritt haben wir Aufgabe 23 benutzt).

Teil b) Wir verwenden die Bezeichnungen aus der Teilaufgabe a). Es gilt:

$$\varphi = a \cdot \mathrm{triv}_G + b \cdot \mathrm{reg}_G$$

und $b \in \mathbb{N}_0, a \in \mathbb{Z}$. Dann haben wir folgende Äquivalenzen:

$$b \geq 1 \iff b \neq 0 \iff \varphi(1) \neq a \iff G \neq \mathrm{Ker}\varphi.$$

Ferner gilt offensichtlich $\varphi(1) = a + b|G|$. Außerdem haben wir im Teil a) bewiesen, dass

$$\varphi(1) + (|G| - 1)a \in \mathbb{N}_0.$$

Wir unterscheiden nun zwei Fälle: $a \leq -1$ bzw. $a \geq 0$.

Sei $a \leq 1$. Da $\varphi(1) + (|G| - 1)a \geq 0$ ist, folgt

$$\varphi(1) \geq -(|G| - 1)a \geq |G| - 1$$

wie gewünscht.

Sei nun $a \geq 0$. Dann ist

$$\varphi(1) = a + b|G| \geq b|G| \geq |G| > |G| - 1$$

ebenfalls wie gewünscht.

Aufgabe 49 Teil a) Die Bedingung $g = g^{-1}$ ist äquivalent zu $g^2 = 1$. Da aber $|G|$ ungerade ist und nach dem Satz von Lagrange die Ordnung jedes Elements die Ordnung der Gruppe teilt, ist $g = 1$.

Sei nun $\chi \in \mathrm{Irr}(G)$ ein nicht trivialer irreduzibler Charakter mit $\chi = \chi^*$. Dann ist $\chi^*(g) = \overline{\chi(g)} = \chi(g^{-1})$ für alle $g \in G$ und wie gerade gezeigt, ist $g \neq g^{-1}$ für alle $g \in G \setminus \{1\}$.

Wir bezeichnen mit triv den trivialen eindimensionalen Charakter von G. Das Skalarprodukt $\langle \chi, \mathrm{triv} \rangle = \frac{1}{|G|} \chi(g)$ ist gleich 0, da $\chi \neq$ triv ist. Folglich

$$\chi(1) + \sum_{g \in G \setminus \{1\}} \chi(g) = 0.$$

Nach dem Satz von Burnside, teilt die natürliche Zahl $\chi(1)$ die Ordnung von G, die ungerade ist. Damit ist $\chi(1)$ eine ungerade ganze Zahl.

Nach obigen Überlegungen ist $\sum_{g \in G \setminus \{1\}} \chi(g)$ von der Form 2α, da die Elemente aus $G \setminus \{1\}$ in Paaren (g, g^{-1}) kommen und $\chi(g) = \chi(g^{-1})$. Dabei ist α eine ganzalgebraische Zahl, denn alle Werte $\chi(g)$ sind allgemein immer ganzalgebraisch.

Zusammengefasst haben wir die Identität $\chi(1) + 2\alpha = 0$ und damit ist $\alpha = -\frac{\chi(1)}{2} \in \mathbb{Q}$. Da jede ganzalgebraische rationale Zahl ganz ist, folgt, dass $\alpha \in \mathbb{Z}$. Wir bekommen einen Widerspruch, da die ganze Zahl $2\alpha = -\chi(1)$ ungerade ist.

Teil b) Wir bezeichnen mit $\chi_1, \ldots, \chi_m$ alle irreduziblen Charaktere der Gruppe G.

Es gilt:

$$|G| = \sum_{i=1}^{m} \deg(\chi_i)^2.$$

Dabei teilen alle Grade $\deg(\chi_i)$ nach dem Satz von Burnside die Ordnung von G und sind damit ungerade, da die Ordnung von G ungerade ist.

Nach dem Hinweis sind dann alle $\deg(\chi_i)^2 \equiv 1 \mod 8$. Insgesamt bekommen wir $|G| = \sum_{i=1}^{m} \deg(\chi_i)^2 \equiv m \mod 8$.

Teil c) Wir verfahren wie im Teil b) und benutzen die Bezeichnungen aus den Teilen a) und b).

Modulo 16 haben wir für jedes i folgende Alternative:

$$\deg(\chi_i)^2 \equiv 1 \mod 16 \text{ oder } \deg(\chi_i)^2 \equiv 9 \mod 16.$$

Im ersten Fall können wir genauso argumentieren wie im Teil b).

Für jedes i im zweiten Fall gilt

$$\deg(\chi_i)^2 \equiv 9 \mod 16.$$

Dann ist $\chi_i \neq$ triv, denn deg(triv) $= 1$. Nach Teil a) sind die Charaktere χ_i und χ_i^* verschieden. Folglich ist die Anzahl von χ_i mit $\deg(\chi_i)^2 = 9 \mod 16$ gerade und solche χ_i kommen in Paaren (χ_i, χ_i^*).

Aus
$$\deg(\chi_i)^2 + \deg(\chi_i^*)^2 = 9 + 9 \mod 16 = 1 + 1 \mod 16$$

folgt schließlich die Behauptung wie im Teil b).

Kapitel 29
Elemente der Galois-Theorie

Aufgabe 50 Wir benutzen die Orthogonalitätsrelationen für Zeilen der Charaktertafel:

$$|G| = \sum_{g \in G} \chi(g)\chi(g^{-1}) = \chi(1)^2 + \sum_{g \in G \setminus \{1\}} \chi(g)\chi(g^{-1})$$
$$= \chi(1)^2 + \sum_{g \in G \setminus \{1\}} |\chi(g)|^2.$$

Nach unserer Voraussetzung sind alle $\chi(g) \in \mathbb{Z}$. Wenn wir annehmen, dass für alle $g \in G$ alle Werte des Charakters $\chi(g) \neq 0$ sind, dann sind alle $|\chi(g)|^2 \geq 1$. Damit bekommen wir einen Widerspruch, da der Grad von ρ größer oder gleich zwei ist.

Der Vollständigkeit halber zeigen wir im Folgenden die allgemeine Aussage ohne die Voraussetzung, dass alle Werte des Charakters χ ganz sind.

Jede endlich-dimensionale komplexe Darstellung einer endlichen Gruppe G ist über dem algebraischen Abschluss $\overline{\mathbb{Q}}$ von $\mathbb{Q}$ definiert. Die absolute Galois-Gruppe $\mathrm{Gal}(\overline{\mathbb{Q}}/\mathbb{Q})$ wirkt dabei auf natürliche Weise auf der Menge der irreduziblen Charakteren von G. Seien

$$\chi_1 = \chi, \chi_2, \ldots, \chi_m$$

alle Charaktere im Galois-Orbit von χ. Insbesondere haben sie alle den gleichen Grad $\chi(1)$.

Wir nehmen an, dass $\chi(g) \neq 0$ für alle $g \in G$. Dann ist auch das Produkt ungleich null:

$$\prod_{i=1}^{m} \chi_i(g) \neq 0.$$

Außerdem ist dieses Produkt Galois-invariant und folglich eine rationale Zahl. Da allerdings alle $\chi_i(g)$ immer ganzalgebraisch sind, ist das obige Produkt eine ganze Zahl ungleich 0. Insbesondere

$$\left|\prod_{i=1}^{m} \chi_i(g)\right| \geq 1 \text{ für alle } g \in G.$$

Bekanntermaßen ist das arithmetische Mittel immer größer oder gleich als das geometrische Mittel, und somit bekommen wir

$$\frac{1}{m} \sum_{i=1}^{m} |\chi_i(g)|^2 \geq \left(\prod_{i=1}^{m} |\chi_i(g)|^2\right)^{1/m} \geq 1.$$

Andererseits implizieren die Orthogonalitätsrelationen für Zeilen der Charaktertafel, dass

$$m|G| = \sum_{i=1}^{m} \left(\sum_{g \in G} |\chi_i(g)|^2\right)$$
$$= \sum_{g \in G} \left(\sum_{i=1}^{m} |\chi_i(g)|^2\right)$$
$$\geq \sum_{g \in G} m = m|G|.$$

Es folgt damit, dass für alle $g \in G$

$$\sum_{i=1}^{m} |\chi_i(g)|^2 = m$$

sind. Insbesondere für $g = 1$ gilt

$$m = \sum_{i=1}^{m} |\chi_i(1)|^2 = m|\chi(1)|^2.$$

Es folgt daraus, dass $\chi(1) = 1$, was der Annahme widerspricht, dass der Grad unserer Darstellung mindestens 2 ist.

Bemerkung Eine komplementäre Eigenschaft ist in Aufgabe 21 gegeben.

Aufgabe 51 Sei n die Ordnung von g. Die Eigenwerte von $\rho(g)$ sind n-te komplexe Einheitswurzeln und $\chi(g)$ ist die Spur von $\rho(g)$ und damit die Summe aller Eigenwerte von $\rho(g)$. Es folgt sofort, dass $\chi(g) \in \mathbb{Q}(\zeta_n)$.

29 Elemente der Galois-Theorie

Seien $\lambda_1, \ldots, \lambda_s$ alle Eigenwerte von $\rho(g)$ mit Multiplizitäten gezählt, d. h. $s = \chi(1)$. Dann sind $\lambda_1^m, \ldots, \lambda_s^m$ die Eigenwerte von $\rho(g^m)$ für alle $m \in \mathbb{N}$. Sei nun m teilerfremd zu $|G|$. Es folgt:

$$\chi(g^m) = \lambda_1^m + \ldots + \lambda_s^m$$
$$= \varphi_m(\lambda_1) + \ldots + \varphi_m(\lambda_s)$$
$$= \varphi_m(\lambda_1 + \ldots + \lambda_s) = \varphi_m(\chi(g)),$$

wobei
$$\varphi_m \colon \mathbb{Q}(\zeta_n) \to \mathbb{Q}(\zeta_n)$$

das Element der Galois-Gruppe $\mathrm{Gal}(\mathbb{Q}(\zeta_n)/\mathbb{Q})$ mit $\varphi_m(\zeta_n) = \zeta_n^m$ bezeichnet.

Nach unseren Voraussetzungen sind für alle $m \in \mathbb{N}$, die zu n teilerfremd sind, die Elemente g und g^m konjugiert. Damit sind $\chi(g) = \varphi_m(\chi(g))$ für alle solche m. Aus der Beschreibung der Galois-Gruppe der Körpererweiterung $\mathbb{Q}(\zeta_n)/\mathbb{Q}$ aus dem Hinweis folgt, dass $\chi(g)$ im Fixkörper $\mathbb{Q}(\zeta_n)^{\mathrm{Gal}(\mathbb{Q}(\zeta_n)/\mathbb{Q})} = \mathbb{Q}$ liegt.

Aber gleichzeitig ist $\chi(g)$ eine ganzalgebraische Zahl. Damit ist $\chi(g) \in \mathbb{Z}$ wie gewünscht.

Aufgabe 52 Sei $U = R^T$ die transponierte Matrix. Damit haben wir $U = (u_{ij})_{1 \le i,j \le s}$ mit $u_{ij} = \chi_j(g_i)$.

Wir betrachten die Matrix $U^* := \overline{U}^T = (\overline{\chi_i(g_j)})_{1 \le i,j \le s}$. Es gilt:

$$(UU^*)_{ij} = \sum_{k=1}^{s} \chi_k(g_i)\overline{\chi_k(g_j)} = |Z_G(g_i)|\delta_{ij},$$

wobei δ_{ij} das Kronecker-Delta bezeichnet. Im letzten Schritt haben wir die Orthogonalitätsrelationen für Spalten der Charaktertafel benutzt.

Folglich erhalten wir

$$\prod_{i=1}^{s} |Z_G(g_i)| = \det(UU^*) = \det U \cdot \overline{\det U} = |\det U|^2 = |\det R|^2$$

wie gewünscht.

Als Nächstes überlegen wir uns, welchen Wert diese Determinante ohne absoluten Betrag annimmt. Wir bemerken zunächst, dass es keine kanonische Wahl für die Reihenfolge der Konjugationsklassen und der irreduziblen Darstellungen der Gruppe G gibt. Daher ist die Matrix R nur bis auf eine Reihenfolge von Zeilen und Spalten definiert. Eine Permutation von Zeilen oder Spalten entspricht einem Vorzeichenwechsel in der Determinante. Daher können wir maximal darauf hoffen, den Wert $(\det R)^2$ bestimmen zu können.

Sei $2m$ die Anzahl von nicht reellen irreduziblen Charakteren von G (ein Charakter heißt nicht reell, wenn mindestens ein Wert des Charakters nicht reell ist). Es ist klar, dass diese Zahl gerade ist, da der duale eines irreduziblen Charakters wieder irreduzibel ist und damit nicht reelle Charaktere stets in Paaren vorkommen.

Alle Darstellungen von G sind über $\overline{\mathbb{Q}}$ definiert und die absolute Galois-Gruppe $\Gamma := \mathrm{Gal}(\overline{\mathbb{Q}}/\mathbb{Q})$ wirkt auf natürliche Weise auf der Menge der irreduziblen Charaktere. Die komplexe Konjugation induziert dabei einen Isomorphismus von $\overline{\mathbb{Q}}$, der als ein Produkt von m Transpositionen auf die Charaktertafel wirkt.

Folglich ist $\overline{\det R} = \det \overline{R} = (-1)^m \det R$. Damit ist $\det R$ reell, falls m gerade ist, und rein imaginär, falls m ungerade ist. Es folgt dann, dass

$$(\det R)^2 = (-1)^m \prod_{i=1}^{s} |Z_G(g_i)|. \qquad \text{(DetChar)}$$

Bemerkungen

1) In diesem Exerzitium haben wir das Quadrat der Determinante der Charaktertafel berechnet. Es stellte sich heraus, dass das Ergebnis immer eine ganze Zahl ist. Falls wir nur zeigen möchten, dass $(\det R)^2$ eine ganze Zahl ist, ohne die Formel (DetChar) berechnen zu müssen, so können wir uns dies wie folgt herleiten: Jedes Element der absoluten Galois-Gruppe Γ induziert eine Permutation der Zeilen der Matrix R. Es ist klar, dass sich dabei der Wert $(\det R)^2$ nicht ändert. Folglich liegt $(\det R)^2$ im Fixkörper $\overline{\mathbb{Q}}^\Gamma = \mathbb{Q}$. Da alle Einträge von R ganzalgebraisch sind, ist auch $(\det R)^2$ ganzalgebraisch. Damit ist $(\det R)^2$ eine ganze Zahl.

2) Als ein weiteres Beispiel können wir $(\det R)^2$ für die Charaktertafel der zyklischen Gruppe C_n bestimmen, d. h. für die Vandermonde-Matrix (siehe Kap. 5). Die obige Formel impliziert sofort, dass die Antwort $(-1)^m n^n$ ist, wobei $m = \frac{n-2}{2}$, falls n gerade ist, und $m = \frac{n-1}{2}$, falls n ungerade ist.

Aufgabe 53 Alle Darstellungen von G sind über $\overline{\mathbb{Q}}$ definiert und die absolute Galois-Gruppe wirkt auf natürliche Weise auf der Menge der irreduziblen Charaktere von G.

Insbesondere induziert jedes Element der absoluten Galois-Gruppe eine Permutation der Zeilen der Charaktertafel von G. Die Summe $\sum_{i=1}^{s} \chi_i(g)$ bleibt dabei für jedes $g \in G$ unverändert, da $\chi_i(g)$ Einträge in einer festen Spalte der Charaktertafel sind.

Folglich liegt die Summe $\sum_{i=1}^{s} \chi_i(g)$ im Fixkörper $\overline{\mathbb{Q}}^{\mathrm{Gal}(\overline{\mathbb{Q}}/\mathbb{Q})} = \mathbb{Q}$. Andererseits sind alle $\chi_i(g)$ für alle $i = 1, \ldots, s$ und alle $g \in G$ ganzalgebraische Zahlen. Damit ist auch die Summe $\sum_{i=1}^{s} \chi_i(g)$ ganzalgebraisch. Zusammengefasst ist $\sum_{i=1}^{s} \chi_i(g) \in \mathbb{Z}$.

Bemerkung 1)[1]: Eine komplementäre Eigenschaft für die Zeilen einer Charaktertafel ist in Aufgabe 64 gegeben.

---

[1] In dieser Bemerkung sind absichtslos Hinweise zur späteren Aufgabe 59 gegeben. Die Leser sollten diese Bemerkung nicht lesen bevor sie Aufgabe 59 lösen.

29 Elemente der Galois-Theorie

Beim Vergleich beider Aufgaben entsteht die Frage, ob die Summe $\sum_{i=1}^{s} \chi_i(g)$ negativ sein kann? Das ist tatsächlich so, obwohl es nicht ganz einfach ist ein Beispiel dafür zu finden. Die kleinste Gruppe mit dieser Eigenschaft hat nämlich die Ordnung 96.

In der Sprache des Computeralgebraprogramms GAP hat die Gruppe SmallGroup(96,3) diese Eigenschaft. Diese Gruppe hat keine besonders einfache Beschreibung. Sie ist eine Erweiterung von $SL_2(3)$ durch C_2^2, d. h. es existiert eine exakte Sequenz der Form (mit $G := \text{SmallGroup}(96,3)$)

$$1 \to C_2^2 \to G \to SL_2(3) \to 1$$

Alternativ ist G eine 2-blättrige Überlagerung der Gruppe aus Aufgabe 59.

Ohne weitere Details präsentieren wir im Folgenden die Charaktertafel dieser Gruppe. Für eine Übungsaufgabe ist sie schon zu groß, sie wurde mit Hilfe des Computeralgebraprogramms GAP erstellt:

	1	1	3	3	16	16	6	6	6	6	16	16
	1A	2A	2B	2C	3A	3B	4A	4B	4C	4D	6A	6B
χ_1	1	1	1	1	1	1	1	1	1	1	1	1
χ_2	1	1	1	1	ζ_3	ζ_3^2	1	1	1	1	ζ_3^2	ζ_3
χ_3	1	1	1	1	ζ_3^2	ζ_3	1	1	1	1	ζ_3	ζ_3^2
χ_4	2	-2	-2	2	-1	-1	0	0	0	0	1	1
χ_5	2	-2	-2	2	ζ_6	ζ_6^5	0	0	0	0	ζ_3	ζ_3^2
χ_6	2	-2	-2	2	ζ_6^5	ζ_6	0	0	0	0	ζ_3^2	ζ_3
χ_7	3	3	3	3	0	0	-1	-1	-1	-1	0	0
χ_8	3	3	-1	-1	0	0	1	$\bar\alpha$	1	α	0	0
χ_9	3	3	-1	-1	0	0	1	α	1	$\bar\alpha$	0	0
χ_{10}	3	3	-1	-1	0	0	α	1	$\bar\alpha$	1	0	0
χ_{11}	3	3	-1	-1	0	0	$\bar\alpha$	1	α	1	0	0
χ_{12}	6	-6	2	-2	0	0	0	0	0	0	0	0

Dabei bezeichnet ζ_n eine primitive komplexe n-te Einheitswurzel und $\alpha = -1 + 2i$. Wir können aus der Charaktertafel ablesen, dass die Summe der Einträge in der Spalte $2B$ negativ ist.

Man erkennt übrigens in der Charaktertafel von SmallGroup(96,3) sowohl die Charaktertafel der Gruppe aus Aufgabe 59 wie auch die Charaktertafel der Gruppe $SL_2(3)$. Wir werden diese Gruppe später, genauer gesagt in Aufgabe 69, in einem anderen Kontext noch einmal treffen.

Bemerkung 2) Ein anderes Beispiel einer Gruppe G, in der Elemente $g \in G$ existieren, so dass $\sum_{\chi \in \text{Irr}(G)} \chi(g) < 0$ ist, ist die Mathieu[2]-Gruppe M_{12} ([Ma]).

---

[2] Émile Léonard Mathieu (1835–1890).

Die Mathieu-Gruppe M_{12} ist eine *einfache* Gruppe der Ordnung $95040 = 12 \cdot 11 \cdot 10 \cdot 9 \cdot 8 = 2^6 \cdot 3^3 \cdot 5 \cdot 11$. Die Charaktertafel von M_{12} findet sich in [ATLAS, S. 33].

Die Mathieu-Gruppe M_{12} hat einen interessanten Bezug zur Kombinatorik, denn sie kommt bei der Modellierung von Mischungen von Spielkarten vor: Wir nehmen 12 Spielkarten (die wir als $1, 2, \ldots, 12$ bezeichnen) und betrachten die zwei unterschiedliche Strategien, die Karten zu mischen, den *Flip* und die *Monge*[3]-*Mischung* ([Mon]).

Beim Flip drehen wir die Reihenfolge der Karten um. Bei der Monge-Mischung werden die Spielkarten sukzessive von der linken Hand in die rechte Hand nach dem folgenden Muster gelegt: zuerst wird die erste Karte in die andere Hand gelegt, dann kommt die zweite Karte nach oben, die dritte Karte kommt nach unten in den neuen Stapel, die vierte Karte dann wieder nach oben usw.

Die Mathieu-Gruppe M_{12} ist durch diese zwei Permutationen aus S_{12} erzeugt. Konkret sind es die Permutationen

$$\begin{pmatrix} 1 & 2 & 3 & 4 & 5 & 6 & 7 & 8 & 9 & 10 & 11 & 12 \\ 12 & 11 & 10 & 9 & 8 & 7 & 6 & 5 & 4 & 3 & 2 & 1 \end{pmatrix}$$

und

$$\begin{pmatrix} 1 & 2 & 3 & 4 & 5 & 6 & 7 & 8 & 9 & 10 & 11 & 12 \\ 12 & 10 & 8 & 6 & 4 & 2 & 1 & 3 & 5 & 7 & 9 & 11 \end{pmatrix}.$$

Man könnte noch versuchen, die Gruppen zu identifizieren, die von denselben Permutationen für eine kleinere Anzahl von Spielkarten erzeugt werden. Interessant ist etwa der Fall mit 6 Karten. Die entsprechenden Permutationen sind dann

$$\begin{pmatrix} 1 & 2 & 3 & 4 & 5 & 6 \\ 6 & 5 & 4 & 3 & 2 & 1 \end{pmatrix} \text{ und } \begin{pmatrix} 1 & 2 & 3 & 4 & 5 & 6 \\ 6 & 4 & 2 & 1 & 3 & 5 \end{pmatrix}$$

in S_6 und die von ihnen erzeugte Gruppe ist isomorph zu S_5, die als eine Untergruppe von S_6 transitiv auf der Menge $\{1, 2, \ldots, 6\}$ wirkt. Die Existenz einer solchen exotischen Wirkung liegt am Ursprung der Existenz eines äußeren Automorphismus von S_6 (cf. Aufgabe 55); siehe z. B. [Wil, Kap. 2.4.2].

Für weitere bemerkenswerte Eigenschaften und Konstruktionen der Mathieu-Gruppe M_{12} verweisen wir auf die Bücher [CSl, Grie, Wil].

---

[3] Gaspard Monge, *Comte de Péluse*, (1746–1818).

Kapitel 30
Konstruktion von Charaktertafeln

Aufgabe 54 Sowohl D_4 als auch Q_8 sind nicht abelsche Gruppen der Ordnung 8. Wir beginnen deswegen mit allgemeinen Überlegungen zu Gruppen dieser Ordnung.

Sei G eine nicht abelsche Gruppe mit 8 Elementen. Da G nicht abelsch ist, besitzt G eine irreduzible Darstellung vom Grad ≥ 2. Dann ist der Grad dieser Darstellung eigentlich genau 2, denn

$$\sum_{\chi \in \mathrm{Irr}(G)} \deg(\chi)^2 = |G| = 8$$

und Grad 3 wäre damit schon zu viel.

Ferner ist G eine p-Gruppe (mit $p = 2$) und damit besitzt G ein nicht triviales Zentrum $Z(G) \neq 1$. Die Faktorgruppe $G/Z(G)$ ist nicht zyklisch, da sonst G abelsch wäre[1]. Damit muss $Z(G)$ Ordnung 2 haben (wenn $|Z(G)| = 4$ wäre, dann wäre $G/Z(G) \simeq C_2$ zyklisch).

Also ist $Z(G) \simeq C_2$ und $G/Z(G) \simeq C_2 \times C_2$. Damit erhalten wir durch Inflation vier eindimensionale Darstellungen von G. Insgesamt haben wir alle irreduziblen Darstellungen gefunden (denn $1^2 + 1^2 + 1^2 + 1^2 + 2^2 = 8$) und damit wissen wir nun auch, dass G fünf Konjugationsklassen hat.

---

[1] Es ist eine bekannte allgemeine Eigenschaft von allen Gruppen, dass wenn $G/Z(G)$ zyklisch ist, dann ist G abelsch.

Jetzt können wir die Charaktertafel von G vollständig bestimmen:

$$
\begin{array}{c|ccccc}
G & 1 & z & . & . & . \\
\hline
. & 1 & 1 & 1 & 1 & 1 \\
. & 1 & 1 & 1 & -1 & -1 \\
. & 1 & 1 & -1 & 1 & -1 \\
. & 1 & 1 & -1 & -1 & 1 \\
. & 2 & -2 & 0 & 0 & 0
\end{array}
$$

Das Element z bezeichnet das einzige nicht triviale Element im Zentrum von G. Der Teil der Charaktertafel im Kästchen entspricht der Charaktertafel von $C_2 \times C_2$ und die letzte Zeile haben wir wie immer mit Hilfe der Orthogonalitätsrelationen für Spalten gefunden[2].

Unterscheidung von Gruppen mit gleichen Charaktertafeln

In dieser Aufgabe haben wir gesehen, dass sowohl D_4 als auch Q_8 dieselbe Charaktertafel haben. Es stellt sich damit die Frage, ob man diese Gruppen trotzdem mit Hilfe der Charaktertafeln unterscheiden kann?

In diesem Fall geht das tatsächlich, und wir geben drei verschiedene Argumentationswege an:

Argumentationsweg 1: Man kann zeigen, dass

$$\mathbb{R}[D_4] \simeq \mathbb{R} \times \mathbb{R} \times \mathbb{R} \times \mathbb{R} \times M_2(\mathbb{R}),$$

aber

$$\mathbb{R}[Q_8] \simeq \mathbb{R} \times \mathbb{R} \times \mathbb{R} \times \mathbb{R} \times \mathbb{H},$$

wobei $\mathbb{H}$ die Hamiltonschen Quaternionen bezeichnet. Anders formuliert sieht man den Unterschied, wenn man nicht die komplexen sondern die reellen Darstellungen von D_4 und Q_8 betrachtet.

Argumentationsweg 2: Äquivalent zu den obigen Formeln für Gruppenalgebren könnten wir auch folgendermaßen argumentieren: Die Schur-Indikatoren (sie werden später im Kap. 15 eingeführt) von irreduziblen 2-dimensionalen Darstellungen von D_4 und Q_8 sind verschieden, nämlich 1 für D_4 und -1 für Q_8.

Argumentationsweg 3: Eine weitere, äquivalente Sichtweise startet mit der Berechnung der äußeren Quadrate $\Lambda^2 V$ dieser 2-dimensionalen Darstellungen. Nach einer einfachen Rechnung erhalten wir, dass für Q_8 das äußere Quadrat $\Lambda^2 V$ trivial ist und für D_4 nicht.

---

[2] In dieser Lösung ist es uns gelungen, die Charaktertafel zu berechnen, obwohl wir keine Analyse der Kommutatoruntergruppe von G unternommen haben.

30 Konstruktion von Charaktertafeln

Weitere Betrachtung der Darstellungen
Wir schließen diese Aufgabe mit einigen Überlegungen dazu ab, wie genau diese 2-dimensionalen Darstellungen aussehen.

Für D_4 ist es besonders einfach, die 2-dimensionalen Darstellungen zu beschreiben, da D_4 auf natürliche Weise als Drehungen und Spiegelungen eines Quadrats in der (reellen) Ebene wirkt. Diese Wirkung in der Ebene ist genau unsere 2-dimensionale Darstellung.

Die 2-dimensionale Darstellung von Q_8 ist die berühmte Darstellung mit Hilfe der Pauli-Matrizen. Es gilt für die Quaternionenalgebra $\mathbb{H}$:

$$\mathbb{H} = \left\{ \begin{pmatrix} z & w \\ -\overline{w} & \overline{z} \end{pmatrix} \mid z, w \in \mathbb{C} \right\}.$$

Dabei entsprechen etwa die Elemente $-1, i, j, k$ aus Q_8 den Matrizen

$$\begin{pmatrix} -1 & 0 \\ 0 & -1 \end{pmatrix}, \begin{pmatrix} i & 0 \\ 0 & -i \end{pmatrix}, \begin{pmatrix} 0 & 1 \\ -1 & 0 \end{pmatrix}, \begin{pmatrix} 0 & i \\ i & 0 \end{pmatrix}.$$

Die letzten drei Matrizen sind im Wesentlichen die Pauli-Matrizen: um die klassischen Pauli-Matrizen zu erhalten, sollte man sie noch mit dem Skalar $-i$ multiplizieren.

In den obigen Matrizen sehen wir sehr schön, dass sie komplex sind, ihre Spuren sind jedoch reell: Das steht im Einklang sowohl mit der Charaktertafel als auch mit dem Wert des Schur-Indikators von Q_8.

Für weiterführende Informationen über die Darstellungen der Gruppe Q_8 verweisen wir die interessierten Leser auf Kap. 18, das letzte Kapitel dieses Buches.

Bemerkung Irreduzible komplexe Darstellungen der Diedergruppe D_m der Ordnung $2m$ sind ebenfalls bekannt. Siehe [Ser1, Kap. 5.3] für eine ausführliche Beschreibung.

Aufgabe 55 Es sei bemerkt, dass irreduzible komplexe Darstellungen von symmetrischen und alternierenden Gruppen allgemein bekannt und sehr ausführlich in der Literatur beschrieben sind ([FH, Kap. 4, ??]). In dieser Übungsaufgabe haben wir allerdings ein anderes Ziel und dementsprechend andere Methoden.

Wir möchten nämlich die Charaktertafeln von nur S_5, A_5 und S_6 analog zu den Charaktertafeln von S_4 und A_4 konstruieren. Die letzten zwei Charaktertafeln setzen wir als bekannt voraus und präsentieren sie hier:

S_4	1 1	6 (1 2)	8 (1 2 3)	3 (1 2)(3 4)	6 (1 2 3 4)
triv	1	1	1	1	1
sgn	1	-1	1	1	-1
χ	2	0	-1	2	0
stand	3	1	0	-1	-1
stand'	3	-1	0	-1	1

Dabei steht „stand" für die Standard-Darstellung und wir bezeichnen mit stand' das Produkt stand' = sgn · stand.

In der nachfolgenden Charaktertafel von A_4 bezeichnet „stand" die Restriktion der Standard-Darstellung von S_4 auf A_4 und $\omega = e^{2\pi i/3}$.

A_4	1 1	3 (1 2)(3 4)	4 (1 2 3)	4 (2 1 3)
triv	1	1	1	1
ψ	1	1	ω	ω^2
ψ^*	1	1	ω^2	ω
stand	3	-1	0	0

Teil a) Die Charaktertafel von S_5 konstruieren wir analog zur Charaktertafel von S_4. Die Gruppe S_5 hat folgende Konjugationsklassen:

S_5	1 1	10 (1 2)	15 (1 2)(3 4)	20 (1 2 3)	20 (1 2 3)(4 5)	24 (1 2 3 4 5)	30 (1 2 3 4)

Für die Berechnung der Mächtigkeiten der Konjugationsklassen ist folgende Formel nützlich: Die Anzahl von Zyklen der Ordnung k in S_n ist

$$\frac{n(n-1)\ldots(n-k+1)}{k}.$$

Tatsächlich haben wir n Möglichkeiten für den ersten Eintrag eines k-Zyklus, $(n-1)$ Möglichkeiten für den zweiten Eintrag usw. Dabei müssen wir durch k teilen, da eine zyklische Permutation der Einträge eines k-Zyklus ihn nicht ändert, etwa (1 2 3 4 5) = (2 3 4 5 1).

Wir beginnen jetzt die Charaktertafel von S_5 zu füllen. Genau wie bei allen S_n haben wir die triviale eindimensionale Darstellung triv und die eindimensionale Darstellung Signum sgn.

Ferner wirkt S_5 natürlicherweise auf der Menge $X := \{1, 2, 3, 4, 5\}$ und wir bezeichnen die dazugehörige Permutationsdarstellung mit perm. Der Wert des Charakters von perm auf einem Element $g \in S_5$ ist (wie bei allen Permutationsdarstellungen) die Anzahl der Fixpunkte von g bei der Wirkung auf der Menge X.

Die Permutationsdarstellung von S_5 ist reduzibel und enthält die triviale eindimensionale Darstellung triv, denn

30 Konstruktion von Charaktertafeln

$$\langle \text{perm}, \text{triv} \rangle = \frac{1}{120}(5 + 10 \cdot 3 + 15 + 20 \cdot 2 + 0 + 0 + 30) = 1.$$

Die komplementäre Darstellung heißt die Standard-Darstellung von S_5. Wir bezeichnen sie mit stand.

Der Wert des Charakters der Standard-Darstellung auf einem Element $g \in S_5$ ist dementsprechend die Anzahl der Fixpunkte von g bei der Wirkung auf der Menge X minus 1.

Wir bezeichnen mit χ_{stand} den Charakter der Standard-Darstellung. Es ist leicht zu sehen, dass die Standard-Darstellung irreduzibel ist, denn

$$\langle \chi_{\text{stand}}, \chi_{\text{stand}} \rangle = 1.$$

Ferner können wir die Darstellung stand' = sgn · stand bilden. Da das Produkt einer irreduziblen Darstellung mit einer eindimensionalen Darstellung irreduzibel ist, ist die Darstellung stand' irreduzibel.

Wir erhalten damit folgenden Zeilen der Charaktertafel von S_5:

S_5	1 1	10 (1 2)	15 (1 2)(3 4)	20 (1 2 3)	20 (1 2 3)(4 5)	24 (1 2 3 4 5)	30 (1 2 3 4)
triv	1	1	1	1	1	1	1
sgn	1	−1	1	1	−1	1	−1
stand	4	2	0	1	−1	−1	0
stand'	4	−2	0	1	1	−1	0

Als Nächstes betrachten wir das äußere Quadrat $\Lambda^2(\text{stand})$ der Standard-Darstellung. Den Charakter $\chi_{\Lambda^2(\text{stand})}$ von $\Lambda^2(\text{stand})$ können wir dann mit Hilfe der allgemeinen Formel

$$\chi_{\Lambda^2(\text{stand})}(g) = \frac{1}{2}(\chi_{\text{stand}}(g)^2 - \chi_{\text{stand}}(g^2)), \quad g \in S_5$$

berechnen. Außerdem zeigt das Skalarprodukt-Kriterium, nämlich Satz 9 aus Kap. 4, dass die Darstellung $\Lambda^2(\text{stand})$ irreduzibel ist.

Schließlich betrachten wir das symmetrische Quadrat $\text{Sym}^2(\text{stand})$ der Standard-Darstellung. Den Charakter des symmetrischen Quadrats können wir mit Hilfe der allgemeinen Formel bestimmen:

$$\chi_{\text{Sym}^2(\text{stand})}(g) = \frac{1}{2}(\chi_{\text{stand}}(g)^2 + \chi_{\text{stand}}(g^2)), \quad g \in S_5.$$

Dieser Charakter ist allerdings reduzibel. Die Skalarprodukte $\langle \chi_{\text{Sym}^2(\text{stand})}, \text{triv} \rangle$ und $\langle \chi_{\text{Sym}^2(\text{stand})}, \chi_{\text{stand}} \rangle$ sind beide gleich 1. Daher erhalten wir folgende Zerlegung:

$$\text{Sym}^2(\text{stand}) \simeq \text{triv} \oplus \text{stand} \oplus V,$$

wobei wir mit V die komplementäre Darstellung bezeichnet haben. Das Skalarprodukt-Kriterium aus dem Kap. 4 zeigt wieder, dass V irreduzibel ist. Für die allerletzte irreduzible Darstellung nehmen wir dann die Darstellung sgn $\cdot V$.

Insgesamt bekommen wir folgende Charaktertafel von S_5:

S_5	1 1	10 (1 2)	15 (1 2)(3 4)	20 (1 2 3)	20 (1 2 3)(4 5)	24 (1 2 3 4 5)	30 (1 2 3 4)
triv	1	1	1	1	1	1	1
sgn	1	−1	1	1	−1	1	−1
stand	4	2	0	1	−1	−1	0
stand′	4	−2	0	1	1	−1	0
Λ^2(stand)	6	0	−2	0	0	1	0
V	5	1	1	−1	1	0	−1
sgn $\cdot V$	5	−1	1	−1	−1	0	1

Als Kontrolle können wir uns vergewissern, dass die Summe der Quadrate aller irreduziblen Darstellungen tatsächlich die Ordnung von S_5 ergibt:

$$1^2 + 1^2 + 4^2 + 4^2 + 6^2 + 5^2 + 5^2 = 5! = 120.$$

Der Vollständigkeit halber fassen wir noch die Charaktere der reduziblen Darstellungen perm und Sym^2(stand) in einer Tabelle zusammen:

S_5	1 1	10 (1 2)	15 (1 2)(3 4)	20 (1 2 3)	20 (1 2 3)(4 5)	24 (1 2 3 4 5)	30 (1 2 3 4)
perm	5	3	1	2	0	0	1
Sym^2(stand)	10	4	2	1	1	0	0

Jetzt beschäftigen wir uns mit der Charaktertafel von A_5. Die Konjugationsklassen von A_5 haben wir in Aufgabe 6 bestimmt.

Analog zu A_4 können wir Restriktionen der irreduziblen Darstellungen von S_5 auf A_5 betrachten: Das Skalarprodukt-Kriterium impliziert, dass die Restriktionen der Darstellungen stand und V irreduzibel sind.

Es entsteht damit folgende Charaktertafel:

A_5	1 1	20 (1 2 3)	15 (1 2)(3 4)	12 (1 2 3 4 5)	12 (1 3 4 5 2)
triv	1	1	1	1	1
stand$|_{A_5}$	4	1	0	−1	−1
$V|_{A_5}$	5	−1	1	0	0

Es sei am Rande bemerkt, dass

$$V|_{A_5} \simeq \text{Ind}_{A_4}^{A_5}(\psi)$$

ist, wobei ψ eine beliebige nicht triviale eindimensionale Darstellung von A_4 ist.

30 Konstruktion von Charaktertafeln

Insgesamt hat A_5 fünf Konjugationsklassen und damit fünf irreduziblen Darstellungen. Es fehlen also noch zwei Zeilen in der Charaktertafel.

Als Nächstes bestimmen wir die Grade a und b der zwei fehlenden irreduziblen Darstellungen. Aus der allgemeinen Formel

$$\sum_{\chi \in \mathrm{Irr}(G)} \deg(\chi)^2 = |G|$$

folgt, dass

$$1^2 + 4^2 + 5^2 + a^2 + b^2 = |A_5| = 60$$

ist. Als einzige Lösung dieser Gleichung in natürlichen Zahlen erhalten wir $a = b = 3$.

Wir haben damit folgende Charaktertafel:

A_5	1 1	20 (1 2 3)	15 (1 2)(3 4)	12 (1 2 3 4 5)	12 (1 3 4 5 2)
triv	1	1	1	1	1
stand$|_{A_5}$	4	1	0	-1	-1
$V|_{A_5}$	5	-1	1	0	0
W	3	α	γ	ε	η
W'	3	β	δ	ζ	θ

Jetzt verwenden wir die Orthogonalität von Spalten und Zeilen der Charaktertafel. Es gilt:

$$\begin{cases} 3|\alpha|^2 + 3|\beta|^2 = 0 & \text{(2. Spalte und 2. Spalte)} \\ 15 - 20\alpha + 15\gamma = 0 & \text{(4. Zeile und 3. Zeile)} \\ 15 - 20\beta + 15\delta = 0 & \text{(5. Zeile und 3. Zeile)} \end{cases}$$

Als einzige Lösung dieses Gleichungssystems erhalten wir also

$$\alpha = \beta = 0 \quad \text{sowie} \quad \gamma = \delta = -1.$$

Folglich hat die Charaktertafel die folgende Form:

A_5	1 1	20 (1 2 3)	15 (1 2)(3 4)	12 (1 2 3 4 5)	12 (1 3 4 5 2)
triv	1	1	1	1	1
stand$|_{A_5}$	4	1	0	-1	-1
$V|_{A_5}$	5	-1	1	0	0
W	3	0	-1	ε	η
W'	3	0	-1	ζ	θ

Weitere Orthogonalitätsrelation implizieren, dass

$$\begin{cases} 3 - 15 + 12\varepsilon + 12\eta = 0 & \text{(4. Zeile und 1. Zeile)} \\ 3 - 15 + 12\zeta + 12\theta = 0 & \text{(5. Zeile und 1. Zeile)} \end{cases}$$

Somit erhalten wir $\eta = 1 - \varepsilon$ und $\theta = 1 - \zeta$.

Nun widmen wir uns dem schwierigsten Teil der Aufgabe, der Bestimmung der Werte von ε und ζ. Dafür benutzen wir folgende Idee: Zufälligerweise sind die Elemente aus den letzten zwei Konjugationsklassen zu ihren Inversen in A_5 konjugiert:

$$(1\,2\,3\,4\,5) = \tau(1\,2\,3\,4\,5)^{-1}\tau^{-1} \text{ und } (1\,3\,4\,5\,2) = \rho(1\,3\,4\,5\,2)^{-1}\rho^{-1}$$

mit $\tau = (1\,5)(2\,4) \in A_5$ und $\rho = (1\,5)(4\,3) \in A_5$. Folglich haben wir für alle Charaktere χ der komplexen endlich-dimensionalen Darstellungen von A_5, dass

$$\chi(g) = \chi(g^{-1}) = \overline{\chi(g)}$$

für $g = (1\,2\,3\,4\,5)$ und für $g = (1\,3\,4\,5\,2)$ (eigentlich sogar für alle $g \in A_5$). Damit sind ε und ζ (und folglich alle Einträge in der Charaktertafel von A_5) reell.

Jetzt können wir die Orthogonalitätsrelationen für die 4. Zeile mit sich selbst und genauso für die 5. Zeile mit sich selbst anwenden (denn wir haben gerade die komplexe Konjugation aus den Orthogonalitätsrelationen für A_5 eliminiert):

$$\begin{cases} 9 + 0 + 15 + 12\varepsilon^2 + 12(1-\varepsilon)^2 = 60 \\ 9 + 0 + 15 + 12\zeta^2 + 12(1-\zeta)^2 = 60 \end{cases}$$

Als Lösungen dieser quadratischen Gleichungen erhalten wir

$$\varepsilon, \zeta = \frac{1 \pm \sqrt{5}}{2}$$

(der goldene Schnitt). Da die Zeilen der Charaktertafel paarweise verschieden sind, können wir ohne Einschränkung $\varepsilon = \frac{1+\sqrt{5}}{2}$ und $\zeta = \frac{1-\sqrt{5}}{2}$ wählen.

Insgesamt erhalten wir folgende Charaktertafel von A_5:

A_5	1 1	20 (1 2 3)	15 (1 2)(3 4)	12 (1 2 3 4 5)	12 (1 3 4 5 2)
triv	1	1	1	1	1
stand$\vert_{A_5}$	4	1	0	-1	-1
$V\vert_{A_5}$	5	-1	1	0	0
W	3	0	-1	$\frac{1+\sqrt{5}}{2}$	$\frac{1-\sqrt{5}}{2}$
W'	3	0	-1	$\frac{1-\sqrt{5}}{2}$	$\frac{1+\sqrt{5}}{2}$

Es gibt übrigens eine alternative Lösung für den letzten Schritt (die allerdings im Rahmen der aktuellen Übungsaufgabe ein Overkill ist): Bekanntermaßen ist die alternierende Gruppe A_5 die Gruppe der orientierungserhaltenden Symmetrien eines Oktaeders (mehr dazu im Kap. 18). Insbesondere haben wir eine Einbettung der

Gruppe A_5 in die reelle orthogonale Gruppe SO(3), die wiederum in $SL_3(\mathbb{C})$ eingebettet ist. Mit etwas Mühe lässt sich zeigen, dass diese Darstellung von A_5 tatsächlich W oder W' ist (es gibt nämlich zwei Einbettungen von A_5 in $SL_3(\mathbb{C})$).

Beachte auch, dass die alternierende Gruppe A_5 einen äußeren Automorphismus besitzt, nämlich die Konjugation mit einer festen Transposition, etwa mit $(1\,2) \in S_5 \setminus A_5$. Dieser Automorphismus permutiert die letzten zwei Spalten der Charaktertafel von A_5. Dies steht im Einklang mit der eben konstruierten Charaktertafel.

Teil b) Wir konstruieren die Charaktertafel von S_6 in Analogie mit der Gruppe S_5.

Wir erhalten zuerst die triviale eindimensionale Darstellung triv, die Darstellung Signum sgn, die Standard-Darstellung stand, die Darstellung stand$'$ = sgn $\cdot$ stand und das äußere Quadrat $\Lambda^2(\text{stand})$. Außerdem haben wir eine irreduzible Darstellung

$$\Lambda^2(\text{stand})' := \text{sgn} \cdot \Lambda^2(\text{stand}).$$

Ferner zerfällt das symmetrische Quadrat $\text{Sym}^2(\text{stand})$ genau wie bei der Gruppe S_5 in eine direkte Summe

$$\text{Sym}^2(\text{stand}) \simeq \text{triv} \oplus \text{stand} \oplus V,$$

wobei die Unterdarstellung V irreduzibel ist. Schließlich haben wir noch die Darstellung $V' = \text{sgn} \cdot V$.

Wir bekommen daher folgende Charaktertafel von S_6:

S_6	1 1A	15 2A	45 2B	15 2C	40 3A	40 3B	90 4A	90 4B	144 5A	120 6A	120 6B
triv	1	1	1	1	1	1	1	1	1	1	1
sgn	1	−1	1	−1	1	1	−1	1	1	−1	−1
stand	5	3	1	−1	2	−1	1	−1	0	−1	0
stand$'$	5	−3	1	1	2	−1	−1	−1	0	1	0
$\Lambda^2(\text{stand})$	10	2	−2	−2	1	1	0	0	0	1	−1
$\Lambda^2(\text{stand})'$	10	−2	−2	2	1	1	0	0	0	−1	1
V	9	3	1	3	0	0	−1	1	−1	0	0
V'	9	−3	1	−3	0	0	1	1	−1	0	0

Als Nächstes wenden wir den äußeren Automorphismus von S_6 auf die Charaktertafel an. Dabei werden die Spalten $2A$ und $2C$, $3A$ und $3B$ und $6A$ mit $6B$ vertauscht.

Folglich bekommen wir noch zwei neue Zeilen in der Charaktertafel, wenn wir den äußeren Automorphismus auf die Darstellungen stand und stand$'$ anwenden. Wir bezeichnen neue Darstellungen mit einer Tilde. Die Charaktertafel sieht dabei wie folgt aus:

S_6	1 1A	15 2A	45 2B	15 2C	40 3A	40 3B	90 4A	90 4B	144 5A	120 6A	120 6B
triv	1	1	1	1	1	1	1	1	1	1	1
sgn	1	−1	1	−1	1	1	−1	1	1	−1	−1
stand	5	3	1	−1	2	−1	1	−1	0	−1	0
stand′	5	−3	1	1	2	−1	−1	−1	0	1	0
Λ^2(stand)	10	2	−2	−2	1	1	0	0	0	1	−1
Λ^2(stand)′	10	−2	−2	2	1	1	0	0	0	−1	1
V	9	3	1	3	0	0	−1	1	−1	0	0
V′	9	−3	1	−3	0	0	1	1	−1	0	0
$\widetilde{\text{stand}}$	5	−1	1	3	−1	2	1	−1	0	0	−1
$\widetilde{\text{stand}}$′	5	1	1	−3	−1	2	−1	−1	0	0	1

Damit fehlt nur noch eine Zeile, die wir mit Hilfe der Orthogonalitätsrelationen für Spalten finden können. Aus

$$\sum_{\chi \in \text{Irr}(S_6)} \deg(\chi)^2 = |S_6| = 6! = 720$$

folgt sofort, dass der Grad der letzten irreduziblen Darstellung, die wir mit W bezeichnen, 16 ist. Somit ist die erste Spalte vollständig und die Orthogonalitätsrelationen für Spalten implizieren sofort, dass die komplette Charaktertafel von S_6 wie folgt aussieht:

S_6	1 1A	15 2A	45 2B	15 2C	40 3A	40 3B	90 4A	90 4B	144 5A	120 6A	120 6B
triv	1	1	1	1	1	1	1	1	1	1	1
sgn	1	−1	1	−1	1	1	−1	1	1	−1	−1
stand	5	3	1	−1	2	−1	1	−1	0	−1	0
stand′	5	−3	1	1	2	−1	−1	−1	0	1	0
Λ^2(stand)	10	2	−2	−2	1	1	0	0	0	1	−1
Λ^2(stand)′	10	−2	−2	2	1	1	0	0	0	−1	1
V	9	3	1	3	0	0	−1	1	−1	0	0
V′	9	−3	1	−3	0	0	1	1	−1	0	0
$\widetilde{\text{stand}}$	5	−1	1	3	−1	2	1	−1	0	0	−1
$\widetilde{\text{stand}}$′	5	1	1	−3	−1	2	−1	−1	0	0	1
W	16	0	0	0	−2	−2	0	0	1	0	0

Bemerkungen

1) Man kann zeigen, dass die Standard-Darstellung stand von S_n für alle n irreduzibel ist. Ferner sind alle äußere Potenzen der Standard-Darstellung Λ^l(stand) ebenfalls für alle n und alle $l = 0, \ldots, n - 1$ irreduzibel.
Das symmetrische Quadrat Sym^2(stand) der Standard-Darstellung zerfällt für alle $n \geq 4$ als $\text{Sym}^2(\text{stand}) = \text{triv} \oplus \text{stand} \oplus V$, wobei die Darstellung V von S_n irreduzibel ist.

30 Konstruktion von Charaktertafeln

2) Mit Hilfe von Aufgabe 51 ist es nicht schwer zu sehen, dass für alle $n \in \mathbb{N}$ alle Einträge der Charaktertafel von S_n ganz sind.
3) Eine Gruppe G heißt *ambivalent*, wenn jedes Element von G zu seinem Inversen konjugiert ist. Aufgabe 18 impliziert, dass eine Gruppe G genau dann ambivalent ist, wenn alle Einträge ihrer Charaktertafel reell sind (beachte, dass für alle Charaktere χ und alle Elemente $g \in G$ die Identität $\chi(g^{-1}) = \overline{\chi(g)}$ gilt).

Insbesondere sind alle symmetrischen Gruppen S_n ambivalent. Gerade haben wir gesehen, dass die Gruppe A_5 auch ambivalent ist. Allerdings ist diese Eigenschaft für alternierende Gruppen sehr selten. Man kann nämlich zeigen, dass die alternierende Gruppe A_n genau dann ambivalent ist, wenn $n \in \{1, 2, 5, 6, 10, 14\}$ ist.

Aufgabe 56 Da $\chi(C_2) = -2 < 0$ ist und C_1 und C_2 die einzigen 1-elementigen Konjugationsklassen sind, schließen wir daraus, dass $C_1 = \{1\}$ ist und die erste Spalte der Charaktertafel tatsächlich wie gewohnt aus den Dimensionen der irreduziblen Darstellungen besteht.

Lustigerweise muss man in dieser Aufgabe nicht nachdenken. Man betrachtet einfach verschiedene neu konstruierte Darstellungen von G (wie etwa Λ^2 oder Sym^2) und prüft jedes Mal mit Hilfe des Skalarprodukts, ob sie irreduzibel sind. Und das ist tatsächlich so.

Hier ist das Ergebnis:

G	1	1	6	4	4	4	4
	C_1	C_2	C_3	C_4	C_5	C_6	C_7
χ	2	-2	0	$-\omega$	$-\omega^2$	ω	ω^2
triv	1	1	1	1	1	1	1
χ^*	2	-2	0	$-\omega^2$	$-\omega$	ω^2	ω
$\Lambda^2\chi$	1	1	1	ω^2	ω	ω^2	ω
$(\Lambda^2\chi)^*$	1	1	1	ω	ω^2	ω	ω^2
$\chi \cdot \Lambda^2\chi$	2	-2	0	-1	-1	1	1
$\mathrm{Sym}^2\chi$	3	3	-1	0	0	0	0

Schließlich könnte man sich noch überlegen, welche Gruppe in dieser Aufgabe eigentlich gemeint ist? Man kann zeigen, dass die Kommutatoruntergruppe der Gruppe G isomorph zur Quaternionengruppe Q_8 ist und die Gruppe G selbst ist $\mathrm{SL}_2(3)$.

Bemerkung Für jeden Körper K mit mindestens 4 Elementen ist die Gruppe $\mathrm{SL}_2(K)$ perfekt.

Aufgabe 57 Zunächst sehen wir, dass $\chi_6 = \chi_4 \cdot \chi_5$, da allgemein das Produkt eines irreduziblen Charakters mit einem eindimensionalen Charakter wieder irreduzibel ist.

Insbesondere ist $\chi_6(1) = \chi_5(1) = 2$ und

$$|G| = \sum_{i=1}^{6} \chi_i(1)^2 = 12.$$

Mit dieser Information können wir die Mächtigkeit der Konjugationsklasse C_6 finden: $|C_6| = 12 - 1 - 1 - 2 - 2 - 3 = 3$. Schließlich ist χ_1 der triviale eindimensionale Charakter, denn irgendwo muss der triviale Charakter stehen und nur χ_1 kommt dabei in Frage.

Wir erhalten damit folgendes Zwischenergebnis:

| | 1 | 1 | 2 | 2 | 3 | 3 |
	1	C_2	C_3	C_4	C_5	C_6
χ_1	1	1	1	1	1	1
χ_2	1	1	1	1	-1	.
χ_3	1	-1	1	-1	i	.
χ_4	1	-1	1	-1	$-i$	.
χ_5	2	2	-1	-1	0	.
χ_6	2	-2	-1	1	0	.

Die letzte Spalte finden wir mit Hilfe der Orthogonalität mit der ersten Zeile.

Das Endergebnis ist dabei wie folgt:

| | 1 | 1 | 2 | 2 | 3 | 3 |
	1	C_2	C_3	C_4	C_5	C_6
χ_1	1	1	1	1	1	1
χ_2	1	1	1	1	-1	-1
χ_3	1	-1	1	-1	i	$-i$
χ_4	1	-1	1	-1	$-i$	i
χ_5	2	2	-1	-1	0	0
χ_6	2	-2	-1	1	0	0

Kommentare: Wir könnten außerdem versuchen, diese Gruppe der Ordnung 12 zu identifizieren: Allgemein gibt es fünf Gruppen dieser Ordnung, zwei davon sind abelsch. Unter den drei verbleibenden nicht abelschen Gruppen der Ordnung 12 gibt es zwei sehr bekannte Gruppen, nämlich die alternierende Gruppe A_4 und die Diedergruppe D_6.

Die dritte Gruppe ist weniger bekannt, sie heißt *dizyklische Gruppe*. Sie hat folgende bemerkenswerte Eigenschaft: Sie ist eine 2-blättrige Überlagerung der Diedergruppe D_3 (die isomorph zu S_3 ist), d.h. es gibt einen $2:1$ Homomorphismus aus der dizyklischen Gruppe in die Diedergruppe D_3. Man erkennt übrigens Teile der Charaktertafel von $D_3 \simeq S_3$ in der Charaktertafel der dizyklischen Gruppe.

Für diejenigen Leser, die mit den Grundlagen der Theorie der Lie-Algebren und Lie-Gruppen vertraut sind, bemerken wir, dass dieser Homomorphismus einen unmittelbaren Zusammenhang mit der berühmten 2-blättrigen Überlagerung Spin(3) $\to$ SO(3) der speziellen orthogonalen Gruppe durch die Spin-Gruppe hat. Die Diedergruppe D_3 ist nämlich eine Untergruppe von SO(3) (die Symmetrien eines regelmäßigen Dreiecks können als Drehungen in $\mathbb{R}^3$ realisiert werden) und die dizyklische Gruppe ist das Urbild von D_3 unter dieser Überlagerung.

30 Konstruktion von Charaktertafeln

Mehr Informationen zur dizyklischen Gruppe findet sich in Kap. 18.

Aufgabe 58 Wir beginnen mit den einfachen Teilen der Charaktertafel. Da die duale Darstellung einer irreduziblen Darstellung irreduzibel ist und da das Produkt einer irreduziblen und einer eindimensionalen Darstellung wieder irreduzibel ist, können wir $\chi_4 = \chi_2^*$, $\chi_5 = \chi_2 \chi_3$ und $\chi_6 = \chi_4 \chi_3$ nehmen. Wir bekommen folgende Charaktertafel:

		1	1	4	6	4	.	.
		1A	2A	3A	4A	6A	.	.
	χ_1	1	1	1	1	1	.	
	χ_2	1	1	ω	1	ω	.	.
	χ_3	2	-2	-1	0	1	.	.
$\chi_4 = \chi_2^*$		1	1	$\bar{\omega}$	1	$\bar{\omega}$	.	.
$\chi_5 = \chi_2 \chi_3$		2	-2	$-\omega$	0	ω	.	.
$\chi_6 = \chi_4 \chi_3$		2	-2	$-\bar{\omega}$	0	$\bar{\omega}$	.	.
	χ_7	.	.	.	.	.	.	.

Als Nächstes verwenden wir eine Idee, die wir uns schon in Aufgabe 51 zunutze gemacht haben. Wir fassen sie zur Erinnerung noch einmal kurz zusammenfassen:

Sei G eine beliebige endliche Gruppe und sei $\zeta = e^{2\pi i/|G|}$. Der Satz von Brauer (siehe [Ser1, Kap. 12.3]) besagt nun, dass alle Darstellungen von G über dem Kreisteilungskörper $\mathbb{Q}(\zeta)$ definiert sind. Wir bezeichnen mit ρ eine beliebige irreduzible Darstellung von G.

Sei χ_ρ der Charakter von ρ und sei $m \in \mathbb{N}$ teilerfremd zu $|G|$. Die Galois-Gruppe $\text{Gal}(\mathbb{Q}(\zeta)/\mathbb{Q})$ enthält das Element φ_m, sodass $\varphi_m(\zeta) = \zeta^m$ ist. Ferner sind alle Elemente von $\text{Gal}(\mathbb{Q}(\zeta)/\mathbb{Q})$ von der Form φ_m für ein m, welches zu $|G|$ teilerfremd ist.

Genauso wie in Aufgabe 51 haben wir:

$$(\varphi_m(\chi_\rho))(g) = \varphi_m(\chi_\rho(g)) = \chi_\rho(g^m) \text{ für alle } g \in G.$$

Das bedeutet, dass die Wirkung der Galois-Gruppe eine Permutation von Spalten der Charaktertafel von G induziert (die Konjugationsklasse des Elements g wird durch φ_m auf die Konjugationsklasse des Elements g^m abgebildet).

Gehen wir nun zurück zur unseren konkreten Gruppe G. Die Spalten $3A$ und $6A$ sind nicht Galois-invariant und werden auch nicht durch die Galois-Gruppe miteinander permutiert, da die Elemente in diesen Klassen verschiedene Ordnungen haben, nämlich 3 und 6. Daher entstehen die fehlenden zwei Spalten in der Charaktertafel durch die Wirkung der Galois-Gruppe auf die Spalten $3A$ und $6A$. Wir bekommen damit folgende Charaktertafel:

	1	1	4	6	4	4	4
	1A	2A	3A	4A	6A	3B	6B
χ_1	1	1	1	1	1	1	1
χ_2	1	1	ω	1	ω	$\bar\omega$	$\bar\omega$
χ_3	2	-2	-1	0	1	-1	1
χ_4	1	1	$\bar\omega$	1	$\bar\omega$	ω	ω
χ_5	2	-2	$-\omega$	0	ω	$-\bar\omega$	$\bar\omega$
χ_6	2	-2	$-\bar\omega$	0	$\bar\omega$	$-\omega$	ω
χ_7	.	.	.	.	.	.	.

Insbesondere haben wir die Ordnung von G gefunden:

$$|G| = |1A| + |2A| + |3A| + |4A| + |6A| + |3B| + |6B| = 24$$

und folglich $\deg(\chi_7) = 3$.

Die letzte Zeile finden wir dann mit Hilfe der Orthogonalität mit der ersten Spalte (die jetzt vollständig ist). Wir erhalten folgende Charaktertafel:

	1	1	4	6	4	4	4
	1A	2A	3A	4A	6A	3B	6B
χ_1	1	1	1	1	1	1	1
χ_2	1	1	ω	1	ω	$\bar\omega$	$\bar\omega$
χ_3	2	-2	-1	0	1	-1	1
χ_4	1	1	$\bar\omega$	1	$\bar\omega$	ω	ω
χ_5	2	-2	$-\omega$	0	ω	$-\bar\omega$	$\bar\omega$
χ_6	2	-2	$-\bar\omega$	0	$\bar\omega$	$-\omega$	ω
χ_7	3	3	0	-1	0	0	0

Die Gruppe G in dieser Aufgabe ist wieder $SL_2(3)$ (siehe Aufgabe 56).

Kapitel 31
Gruppen der Ordnung 48

Aufgabe 59 Im ersten Schritt bestimmen wir die Mächtigkeit der Konjugationsklasse $3B$, da sowohl die Mächtigkeiten aller anderen Konjugationsklassen von G als auch die Ordnung von G selbst gegeben sind. Wir erhalten damit, dass die Klasse $3B$ sechzehn Elemente hat.

Ferner muss irgendwo die triviale Darstellung stehen. Ohne Einschränkung steht sie in der ersten Zeile (sie könnte theoretisch in der 6. Zeile stehen, wo nichts bekannt ist, wir verlieren allerdings genau aus diesem Grund nichts, wenn wir die triviale Darstellung in die erste Zeile schreiben, wo ein Eintrag bekannt ist).

Da die duale Darstellung einer irreduziblen Darstellung wieder irreduzibel ist, müssen χ_2^*, χ_3^*, χ_5^* und χ_7^* (siehe Charaktertafel unten) vorhanden sein. Damit erhalten wir $\chi_2^* = \chi_3$, $\chi_3^* = \chi_2$, $\chi_5^* = \chi_6$ und $\chi_7^* = \chi_8$.

Schließlich können wir aus der Formel

$$\sum_{\chi \in \mathrm{Irr}(G)} \deg(\chi)^2 = |G| = 48$$

den Grad der letzten unbekannten Darstellung χ_4 bestimmen, nämlich 3.

Obige Überlegungen zusammengefasst, haben wir die Charaktertafel von G schon etwas mehr gefüllt:

	1	3	16	16	3	3	3	3
	1A	2A	3A	3B	4A	4B	4C	4D
χ_1	1	1	1	1	1	1	1	1
χ_2	1	1	ω	a	1	1	1	b
χ_3	1	1	ω^2	$\bar{a}$	1	1	1	$\bar{b}$
χ_4	3	c	.	.	-1	-1	-1	.
χ_5	3	-1	.	.	$-1+2i$	$-1-2i$	1	.
χ_6	3	-1	.	.	$-1-2i$	$-1+2i$	1	.
χ_7	3	-1	.	.	1	1	$-1-2i$	.
χ_8	3	-1	.	.	1	1	$-1+2i$	.

Als Nächstes schauen wir uns die Kommutatoruntergruppe der Gruppe G an. Man sieht sofort aus der Charaktertafel, dass die Klassen $1A$, $2A$, $4A$, $4B$, $4C$ in $[G,G]$ liegen, aber nicht die Klasse $3A$ (da $[G,G] \trianglelefteq G$, ist $[G,G]$ eine Vereinigung von einigen Konjugationsklassen von G).

Da allerdings $|[G,G]|$ die Ordnung von G teilt, bleibt uns eine einzige Möglichkeit, nämlich, dass die Konjugationsklasse $4D$ in $[G,G]$ enthalten ist und die Konjugationsklasse $3B$ nicht. Insbesondere wissen wir nun, dass $|[G,G]| = 16$ ist. Durch Inflation von $G/[G,G] \simeq C_3$ erhalten wir nun, dass $a = \omega^2$ und $b = 1$.

Ferner, können wir aus der Orthogonalität der ersten zwei Spalten der Charaktertafel den Wert c bestimmen, es ist $c = 3$.

Wir erhalten damit folgende Charaktertafel:

	1	3	16	16	3	3	3	3
	1A	2A	3A	3B	4A	4B	4C	4D
χ_1	1	1	1	1	1	1	1	1
χ_2	1	1	ω	ω^2	1	1	1	1
χ_3	1	1	ω^2	ω	1	1	1	1
χ_4	3	3	.	.	-1	-1	-1	.
χ_5	3	-1	.	.	$-1+2i$	$-1-2i$	1	.
χ_6	3	-1	.	.	$-1-2i$	$-1+2i$	1	.
χ_7	3	-1	.	.	1	1	$-1-2i$	.
χ_8	3	-1	.	.	1	1	$-1+2i$	.

Als Nächstes betrachten wir den Block der Charaktertafel im Kästchen. Alle Einträge in diesem Block müssen Null sein. In der Tat: bekanntermaßen ist das Tensorprodukt einer irreduziblen Darstellung mit einer eindimensionalen Darstellung wieder irreduzibel. Wenn irgendein Wert im Kästchen nicht Null wäre, könnten wir durch das Tensorieren mit der Darstellung χ_2 (oder χ_3) neue irreduzible Darstellungen erhalten, die mit keiner vorhandenen irreduziblen Darstellung übereinstimmen und für die es keinen Platz mehr in der Charaktertafel gibt.

31 Gruppen der Ordnung 48

Schließlich finden wir alle Einträge in der letzten Spalte der Charaktertafel mit Hilfe der Orthogonalität von Zeilen (alternativ könnte man mit etwas Galois-Theorie argumentieren, dass die $4D$-Spalte die komplex konjugierte der $4C$-Spalte sein muss; cf. Lösung zu Aufgabe 58). Dies führt uns zu folgendem Ergebnis:

	1	3	16	16	3	3	3	3
	$1A$	$2A$	$3A$	$3B$	$4A$	$4B$	$4C$	$4D$
χ_1	1	1	1	1	1	1	1	1
χ_2	1	1	ω	ω^2	1	1	1	1
χ_3	1	1	ω^2	ω	1	1	1	1
χ_4	3	3	0	0	-1	-1	-1	-1
χ_5	3	-1	0	0	$-1+2i$	$-1-2i$	1	1
χ_6	3	-1	0	0	$-1-2i$	$-1+2i$	1	1
χ_7	3	-1	0	0	1	1	$-1-2i$	$-1+2i$
χ_8	3	-1	0	0	1	1	$-1+2i$	$-1-2i$

Letztendlich können wir uns noch die Frage stellen, welche Gruppe das ist? In der Sprache des Computeralgebraprogramms GAP ist dies SmallGroup(48,3), die zu einer Gruppe der Form $C_4^2 \rtimes C_3$ isomorph ist. Sie hat Präsentation

$$G = \langle a, b, c \mid a^4 = b^4 = c^3 = 1, ab = ba, cac^{-1} = ab^{-1}, cbc^{-1} = a^{-1}b^2 \rangle.$$

Bemerkung Man sieht, dass man eigentlich noch weniger Information benötigt, um die Charaktertafel zu entschlüsseln. Eigentlich könnte man noch vollständig auf die Zeilen χ_3 und χ_8 verzichten. Dabei würde die Charaktertafel so dünn wie die Briefe des Kapitäns Grant von Jules Verne aussehen. Trotzdem wäre es immer noch möglich, sie vollständig zu entschlüsseln.

Aufgabe 60 Wir haben eine exakte Sequenz

$$1 \to C_2 \to G \xrightarrow{f} S_4 \to 1$$

Da $Z(S_4) = 1$ (das Zentrum von S_n ist für alle $n \geq 3$ trivial) und f surjektiv ist, ist $f(Z(G)) = 1$, d.h. die Untergruppe C_2 von G in dieser Sequenz ist genau $Z(G) = \{e, -e\}$.

Für die Konstruktion der Charaktertafel von G, werden wir die Inflation benutzen, da $G/Z(G) \simeq S_4$ ist. Deswegen schreiben wir zunächst die Charaktertafel von S_4:

	1	6	8	3	6
	1	(1 2)	(1 2 3)	(1 2)(3 4)	(1 2 3 4)
.	1	1	1	1	1
.	1	−1	1	1	−1
.	2	0	−1	2	0
.	3	1	0	−1	−1
.	3	−1	0	−1	1

Als Nächstes untersuchen wir die Bilder der Konjugationsklassen von G unter f in S_4. Es ist klar, dass das Bild einer Konjugationsklasse von G eine Konjugationsklasse von S_4 ist. Außerdem sehen wir leicht, dass wenn $g \in G$ Ordnung n hat, dann ist die Ordnung von $f(g)$ ein Teiler von n.

Außerdem wissen wir, dass der Homomorphismus f die Elemente der Klassen $4A$ und $4B$ auf Elemente der Ordnung 2 in S_4 abbildet. Unter Berücksichtigung dieser Informationen bleibt uns nur folgende Möglichkeit:

Die Klassen von G	Die Bilder unter f in S_4
$3A$ (8 Elemente)	die Klasse von (1 2 3) (8 Elemente)
$4A$ (6 Elemente)	die Klasse von (1 2)(3 4) (3 Elemente)
$4B$ (12 Elemente)	die Klasse von (1 2) (6 Elemente)
$6A$ (8 Elemente)	die Klasse von (1 2 3) (8 Elemente)
$8A$ (6 Elemente)	die Klasse von (1 2 3 4) (6 Elemente)
$8B$ (6 Elemente)	die Klasse von (1 2 3 4) (6 Elemente)

Beachte, dass dabei tatsächlich eine 2 : 1 Korrespondenz zwischen G und S_4 entsteht.

Jetzt können wir die ersten fünf Zeilen der Charaktertafel von G aufstellen:

	1	1	8	6	12	8	6	6
	1A	2A	3A	4A	4B	6A	8A	8B
ϖ_1	1	1	1	1	1	1	1	1
ϖ_2	1	1	1	1	−1	1	−1	−1
ϖ_3	2	2	−1	2	0	−1	0	0
ϖ_4	3	3	0	−1	1	0	−1	−1
ϖ_5	3	3	0	−1	−1	0	1	1
ϖ_6	α	δ	.	.	.	.	.	.
ϖ_7	β	ε	.	.	.	.	.	.
ϖ_8	γ	ζ	.	.	.	.	.	.

Dabei besteht die Klasse $1A$ aus dem neutralen Element e und die Klasse $2A$ aus dem Element $-e$.

Im nächsten Schritt ermitteln wir die Werte $\alpha, \beta, \ldots, \zeta$.

Wegen

$$\sum_{\chi \in \mathrm{Irr}(G)} \deg(\chi)^2 = |G| = 48,$$

erhalten wir die Gleichung

31 Gruppen der Ordnung 48

$$\alpha^2 + \beta^2 + \gamma^2 = 48 - 1^2 - 1^2 - 2^2 - 3^2 - 3^2 = 24,$$

welche, bis auf eine Permutation, nur eine einzige Lösung in den natürlichen Zahlen besitzt, nämlich $\alpha = 2, \beta = 2, \gamma = 4$.

Für die Klasse $2A$ benutzen wir zunächst Aufgabe 26. Insbesondere sind $\delta, \varepsilon, \zeta \in \mathbb{Z}$. Die Klasse $2A$ ist zentral. Aufgabe 33 impliziert, dass $|\delta| = 2, |\varepsilon| = 2, |\zeta| = 4$, d.h. $\delta = \pm 2, \varepsilon = \pm 2, \zeta = \pm 4$. Die Orthogonalität mit der ersten Spalte (jetzt ist sie vollständig) liefert dann die einzige Möglichkeit:

$$\delta = -2, \quad \varepsilon = -2, \quad \zeta = -4.$$

Außerdem impliziert Aufgabe 33, dass die Matrizen, die die Klasse $2A$ repräsentieren, stets Skalarmatrizen sind. In den Darstellungen $\varpi_1, \ldots, \varpi_5$ sind das die Einheitsmatrizen und in den Darstellungen $\varpi_6, \varpi_7, \varpi_8$ sind das die Einheitsmatrizen mit negativem Vorzeichen. Das erklärt auch die Bezeichnung $-e$ für das einzige Element aus der Klasse $2A$.

Insgesamt bekommen wir folgende Charaktertafel:

	1	1	8	6	12	8	6	6
	$1A$	$2A$	$3A$	$4A$	$4B$	$6A$	$8A$	$8B$
ϖ_1	1	1	1	1	1	1	1	1
ϖ_2	1	1	1	1	-1	1	-1	-1
ϖ_3	2	2	-1	2	0	-1	0	0
ϖ_4	3	3	0	-1	1	0	-1	-1
ϖ_5	3	3	0	-1	-1	0	1	1
ϖ_6	2	-2	η	κ	ν	π	τ	χ
ϖ_7	2	-2	θ	λ	ξ	ρ	υ	ψ
ϖ_8	4	-4	ι	μ	o	σ	φ	ω

Für die Klasse $3A$ benutzen wir dieselbe Idee wie in Aufgabe 26. Wir konzentrieren uns auf die Werte η und θ. In den Darstellungen ϖ_6 und ϖ_7 sind die Elemente aus der Klasse $3A$ durch 2×2 Matrizen der Ordnung 1 oder 3 repräsentiert. Folglich sind die Eigenwerte dieser Matrizen gleich 1, $e^{2\pi i/3}$, $e^{-2\pi i/3}$. Außerdem sind nach Aufgabe 26 η und θ (und ι) ganz.

Folglich haben wir für η und θ nur die Möglichkeiten

$$e^{2\pi i/3} + e^{-2\pi i/3} = -1$$

oder $1 + 1 = 2$. Der Wert 2 ist eigentlich unmöglich, denn das Skalarprodukt der Spalte $3A$ mit sich selbst muss gleich $6 = \frac{|G|}{|3A|}$ sein. Da alle Einträge in der Spalte $3A$ ganz sind, folgt sofort, dass $|\eta| = |\theta| = |\iota| = 1$ ist.

Den Wert ι ermitteln wir dann aus der Orthogonalität mit der ersten Spalte: $\iota = 1$.

Ferner wissen wir, dass[1]

$$6A = -3A = 2A \cdot 3A,$$
$$8A = -8B,$$
$$4A = -4A \text{ und}$$
$$4B = -4B.$$

Da in den Darstellungen ϖ_6, ϖ_7 und ϖ_8 das Element $-e \in 2A$ durch eine Einheitsmatrix mit negativem Vorzeichen repräsentiert ist, erhalten wir sofort folgende Relationen:

$$\pi = -\eta, \ \rho = -\theta, \ \sigma = -\iota;$$

$$\chi = -\tau, \ \psi = -\upsilon, \ \omega = -\varphi;$$

$$\kappa = -\kappa, \ \lambda = -\lambda, \ \mu = -\mu;$$

$$\nu = -\nu, \ \xi = -\xi, \ o = -o.$$

Folglich erhalten wir $\pi = 1, \rho = 1, \sigma = -1, \kappa = \lambda = \mu = \nu = \xi = o = 0$ und wir bekommen folgende Charaktertafel:

	1	1	8	6	12	8	6	6
	1A	2A	3A	4A	4B	6A	8A	8B
ϖ_1	1	1	1	1	1	1	1	1
ϖ_2	1	1	1	1	−1	1	−1	−1
ϖ_3	2	2	−1	2	0	−1	0	0
ϖ_4	3	3	0	−1	1	0	−1	−1
ϖ_5	3	3	0	−1	−1	0	1	1
ϖ_6	2	−2	−1	0	0	1	τ	$-\tau$
ϖ_7	2	−2	−1	0	0	1	υ	$-\upsilon$
ϖ_8	4	−4	1	0	0	−1	φ	$-\varphi$

Wir können auch sofort φ finden. Da das Produkt einer eindimensionalen Darstellung mit einer irreduziblen Darstellung immer irreduzibel ist und da es nur eine irreduzible 4-dimensionale Darstellung der Gruppe G existiert (nämlich ϖ_8), muss $\varpi_8 = \varpi_2 \varpi_8$ gelten, d. h. $\varphi = 0$.

Am schwierigsten ist die Ermittlung von τ und υ. Dafür benutzen wir den Hinweis. Wir berechnen nämlich $s(\varpi_6)$ (und $s(\varpi_7)$ genauso). Es gilt:

---

[1] Eine Bemerkung am Rande: Eine berühmte noch offene Vermutung von Arad und Herzog besagt, dass in einer endlichen einfachen nicht abelschen Gruppe das Produkt von zwei nicht trivialen Konjugationsklassen nie eine Konjugationsklasse ist. Die Gruppe G in dieser Aufgabe ist natürlich nicht einfach.

31 Gruppen der Ordnung 48

$$s(\varpi_6) = \frac{1}{|G|} \sum_{g \in G} \varpi_6(g^2)$$
$$= \frac{1}{48}(2 + 2 + 8 \cdot (-1) + 6 \cdot (-2) + 12 \cdot (-2) + 8 \cdot (-1) + 0 + 0)$$
$$= -1.$$

Folglich ist der Charakter ϖ_6 (und genauso ϖ_7) reell, d. h. $\tau, \upsilon \in \mathbb{R}$.

Jetzt können wir die Orthogonalitätsrelation benutzen:

$$1 = \langle \varpi_6, \varpi_6 \rangle = \frac{1}{48}(2^2 + (-2)^2 + 8 \cdot (-1)^2 + 0 + 0 + 8 + 6\tau \cdot \bar{\tau} + 6\tau \cdot \bar{\tau})$$
$$= \frac{1}{4}(2 + \tau^2)$$

und folglich $\tau = \pm\sqrt{2}$ und genauso $\upsilon = \pm\sqrt{2}$. Da offensichtlich $\tau \neq \upsilon$ ist (sonst hätten wir zwei gleiche Zeilen in der Charaktertafel), entspricht die Wahl des Vorzeichens der Permutation der Zeilen ϖ_6 und ϖ_7. Deswegen können wir ohne Einschränkung $\tau = \sqrt{2}$ und $\upsilon = -\sqrt{2}$ nehmen.

Zusammengefasst erhalten wir folgende Charaktertafel:

	1	1	8	6	12	8	6	6
	1A	2A	3A	4A	4B	6A	8A	8B
ϖ_1	1	1	1	1	1	1	1	1
ϖ_2	1	1	1	1	−1	1	−1	−1
ϖ_3	2	2	−1	2	0	−1	0	0
ϖ_4	3	3	0	−1	1	0	−1	−1
ϖ_5	3	3	0	−1	−1	0	1	1
ϖ_6	2	−2	−1	0	0	1	$\sqrt{2}$	$-\sqrt{2}$
ϖ_7	2	−2	−1	0	0	1	$-\sqrt{2}$	$\sqrt{2}$
ϖ_8	4	−4	1	0	0	−1	0	0

Die Gruppe G aus dieser Aufgabe heißt *binäre Oktaedergruppe*. Als Bemerkung am Rande: Die Kommutatoruntergruppe von G ist isomorph zu $SL_2(3)$.

Bemerkung: Für Leser, die sich mit der Theorie der Lie-Gruppen auskennen, machen wir noch folgende Bemerkung:

Im Kap. 15 werden wir sehen, dass der Wert -1 von $s(\varpi_6)$ impliziert, dass die entsprechende Darstellung von G nicht über $\mathbb{R}$ definiert ist. In unserem Fall ist die binäre Oktaedergruppe eine Untergruppe von $SL_2(\mathbb{C}) \simeq \mathrm{Spin}_3(\mathbb{C})$, von $SU(2) \simeq \mathrm{Spin}(3)$ (kompakte reelle Form), aber nicht von $SL_2(\mathbb{R})$; cf. Aufgabe 22: die Gruppe S_4 ist eine Untergruppe von $PGL_2(\mathbb{C}) \simeq SO_3(\mathbb{C})$ und von $SO(3)$ ist, aber nicht von $\mathrm{Spin}_3(\mathbb{C})$. Das steht im Einklang: die binäre Oktaedergruppe ist eine 2-blättrige Überlagerung von S_4 und $\mathrm{Spin}(3)$ ist ebenfalls eine 2-blättrige Überlagerung von $SO(3)$.

Mehr Information zu binären Gruppen findet sich in Kap. 18.

Aufgabe 61 Wir beginnen mit einfachen Teilen der Charaktertafel. Die Kommutatoruntergruppe von G hat 24 Elemente. Folglich gibt es genau $|G : [G, G]| = 2$ lineare Charaktere. Außerdem ist das Produkt eines linearen Charakters mit einem irreduziblen Charakter wieder irreduzibel. Diese Information erlaubt uns fünf Zeilen der Charaktertafel zu konstruieren:

	1	1	12	8	6	8	6	6
	1A	2A	2B	3A	4A	6A	8A	8B
ϖ_1	1	1	1	1	1	1	1	1
ϖ_2	1	1	−1	1	1	1	−1	−1
ϖ_3	2	2	0	−1	2	−1	0	0
ϖ_4	3	3	1	0	−1	0	−1	−1
$\varpi_5 = \varpi_2\varpi_4$	3	3	−1	0	−1	0	1	1
ϖ_6	α	δ	.	.	.	.	.	.
ϖ_7	β	ε	.	.	.	.	.	.
ϖ_8	γ	ζ	.	.	.	.	.	.

Die Klasse 1A ist offensichtlich die Klasse des neutralen Elements und die einelementige Klasse 2A ist offensichtlich zentral. Deswegen können wir die Einträge $\alpha, \beta, \ldots, \zeta$ genauso wie in Aufgabe 60 ermitteln. Es gilt nämlich: $\alpha = 2$, $\beta = 2$, $\gamma = 4, \delta = -2, \varepsilon = -2, \zeta = -4$.

Wir bekommen nun folgende Charaktertafel:

	1	1	12	8	6	8	6	6
	1A	2A	2B	3A	4A	6A	8A	8B
ϖ_1	1	1	1	1	1	1	1	1
ϖ_2	1	1	−1	1	1	1	−1	−1
ϖ_3	2	2	0	−1	2	−1	0	0
ϖ_4	3	3	1	0	−1	0	−1	−1
ϖ_5	3	3	−1	0	−1	0	1	1
ϖ_6	2	−2	η	κ	ν	π	τ	χ
ϖ_7	2	−2	θ	λ	ξ	ρ	υ	ψ
ϖ_8	4	−4	ι	μ	o	σ	φ	ω

Als Nächstes sieht man sofort, dass bei dem Charakter ϖ_8 an allen Stellen, wo bei dem Charakter ϖ_2 eine −1 steht, eine Null stehen muss. In der Tat muss $\varpi_8 = \varpi_2\varpi_8$ gelten, da es nur eine irreduzible 4-dimensionale Darstellung der Gruppe G gibt. Also haben wir

$$\iota = \varphi = \omega = 0.$$

Als Nächstes berechnen wir $\eta, \theta, \ldots, \mu$. Aufgabe 26 impliziert, dass alle diese Einträge in $\mathbb{Z}$ (und insbesondere in $\mathbb{R}$) liegen.

Die Orthogonalitätsrelation für die Spalte 2B mit sich selbst impliziert:

31 Gruppen der Ordnung 48

$$\eta^2 + \theta^2 = 0$$

und folglich $\eta = \theta = 0$.
Die Orthogonalitätsrelation für die Spalte $3A$ impliziert:

$$\kappa^2 + \lambda^2 + \mu^2 = 3.$$

Folglich, da κ, λ, μ ganz sind, sind $|\kappa| = |\lambda| = |\mu| = 1$. Da allerdings nach Aufgabe 26 $\kappa = \varpi_6(1) = 2 \mod 3$, $\lambda = \varpi_7(1) = 2 \mod 3$ und $\mu = \varpi_8(1) = 4 \mod 3$ gilt, haben wir die einzige Lösung: $\kappa = \lambda = -1$ und $\mu = 1$.
Zusammengefasst haben wir folgende schon besser ausgefüllte Charaktertafel:

	1	1	12	8	6	8	6	6
	1A	2A	2B	3A	4A	6A	8A	8B
ϖ_1	1	1	1	1	1	1	1	1
ϖ_2	1	1	-1	1	1	1	-1	-1
ϖ_3	2	2	0	-1	2	-1	0	0
ϖ_4	3	3	1	0	-1	0	-1	-1
ϖ_5	3	3	-1	0	-1	0	1	1
ϖ_6	2	-2	0	-1	ν	π	τ	χ
ϖ_7	2	-2	0	-1	ξ	ρ	υ	ψ
ϖ_8	4	-4	0	1	o	σ	0	0

Da alle Elemente der Ordnung 4 in der Konjugationsklasse $4A$ liegen, ist $4A = 4A^{-1}$ und folglich sind alle Einträge in der Spalte $4A$ reell. Die Orthogonalitätsrelation für die Spalte $4A$ mit sich selbst liefert

$$\nu^2 + \xi^2 + o^2 = 0$$

und folglich $\nu = \xi = o = 0$.
Wir bekommen nun folgende Charaktertafel:

	1	1	12	8	6	8	6	6
	1A	2A	2B	3A	4A	6A	8A	8B
ϖ_1	1	1	1	1	1	1	1	1
ϖ_2	1	1	-1	1	1	1	-1	-1
ϖ_3	2	2	0	-1	2	-1	0	0
ϖ_4	3	3	1	0	-1	0	-1	-1
ϖ_5	3	3	-1	0	-1	0	1	1
ϖ_6	2	-2	0	-1	0	π	τ	χ
ϖ_7	2	-2	0	-1	0	ρ	υ	ψ
ϖ_8	4	-4	0	1	0	σ	0	0

Als Nächstes bestimmen wir die Werte π, ρ und σ mit Hilfe der Orthogonalität der Zeilen ϖ_6, ϖ_7 und ϖ_8 mit der Zeile ϖ_3. Es folgt sofort: $\pi = \rho = 1$ und $\sigma = -1$.

Die Orthogonalität der Spalte $8A$ mit der Spalte $1A$ gibt $\upsilon = -\tau$ und $\psi = -\chi$. Die Orthogonalität der Zeile ϖ_6 mit der Zeile ϖ_1 gibt $\chi = -\tau$. Schließlich impliziert die Orthogonalität der Zeile ϖ_7 mit der Zeile ϖ_1, dass $\psi = -\upsilon$ ist.

Insgesamt bekommen wir nun folgende Charaktertafel:

	1	1	12	8	6	8	6	6
	$1A$	$2A$	$2B$	$3A$	$4A$	$6A$	$8A$	$8B$
ϖ_1	1	1	1	1	1	1	1	1
ϖ_2	1	1	-1	1	1	1	-1	-1
ϖ_3	2	2	0	-1	2	-1	0	0
ϖ_4	3	3	1	0	-1	0	-1	-1
ϖ_5	3	3	-1	0	-1	0	1	1
ϖ_6	2	-2	0	-1	0	1	τ	$-\tau$
ϖ_7	2	-2	0	-1	0	1	$-\tau$	τ
ϖ_8	4	-4	0	1	0	-1	0	0

Wir müssen also nur noch τ bestimmen. Dafür berechnen wir $s(\varpi_6)$ wie im Hinweis zur Aufgabe 60.

Da $4A \subset [G, G]$, müssen Quadrate der Elemente von $4A$ wieder in $[G, G]$ liegen und Ordnung 2 haben. Da die Kommutatoruntergruppe von G aus den Klassen $1A$, $2A$, $3A$, $4A$ und $6A$ besteht, liegen Quadrate der Elemente von $4A$ in der Klasse $2A$. Es gilt daher:

$$s(\varpi_6) = \frac{1}{48}(2 + 2 + 12 \cdot 2 + 8 \cdot (-1) + 6 \cdot (-2)$$
$$+ 8 \cdot (-1) + 6 \cdot 0 + 6 \cdot 0) = 0.$$

Folglich ist $\varpi_6^* \neq \varpi_6$. Da aber die duale Darstellung einer irreduziblen Darstellung auch irreduzibel ist, folgt $\varpi_6^* = \varpi_7$. Es folgt schliesslich

$$\bar{\tau} = -\tau.$$

Jetzt können wir das Skalarprodukt $\langle \varpi_6, \varpi_6 \rangle$ berechnen:

$$1 = \langle \varpi_6, \varpi_6 \rangle$$
$$= \frac{1}{48}(4 + 4 + 0 + 8 + 0 + 8 + 6\tau\bar{\tau} + 6\tau\bar{\tau})$$
$$= \frac{1}{48}(24 - 12\tau^2).$$

31 Gruppen der Ordnung 48

Folglich $\tau^2 = -2$ und $\tau = \pm\sqrt{-2}$. Da die Wahl des Vorzeichens von τ der Permutation der Zeilen ϖ_6 und ϖ_7 entspricht, können wir ohne Einschränkung $\tau = \sqrt{-2}$ nehmen.

Zusammengefasst bekommen wir folgende Charaktertafel von G:

	1	1	12	8	6	8	6	6
	1A	2A	2B	3A	4A	6A	8A	8B
ϖ_1	1	1	1	1	1	1	1	1
ϖ_2	1	1	-1	1	1	1	-1	-1
ϖ_3	2	2	0	-1	2	-1	0	0
ϖ_4	3	3	1	0	-1	0	-1	-1
ϖ_5	3	3	-1	0	-1	0	1	1
ϖ_6	2	-2	0	-1	0	1	$\sqrt{-2}$	$-\sqrt{-2}$
ϖ_7	2	-2	0	-1	0	1	$-\sqrt{-2}$	$\sqrt{-2}$
ϖ_8	4	-4	0	1	0	-1	0	0

Diese Charaktertafel und die Charaktertafel der Gruppe aus Aufgabe 60 sehen sehr ähnlich aus, sind aber verschieden.

Die Gruppe G aus dieser Aufgabe ist eigentlich $\mathrm{GL}_2(3)$. Ihre Kommutatoruntergruppe ist $\mathrm{SL}_2(3)$. In der Tat gilt allgemein für jeden Körper K mit mindestens drei Elementen:

$$[\mathrm{GL}_2(K), \mathrm{GL}_2(K)] = \mathrm{SL}_2(K).$$

Die Kommutatoruntergruppe ist also dieselbe wie bei der Gruppe aus Aufgabe 60.

Kapitel 32
Permutationsdarstellungen

Aufgabe 62 **Teil a)** Nach dem Hinweis ist $\rho \simeq \mathrm{Ind}_H^G(\mathrm{triv}_H)$. Sei χ der Charakter von ρ. Die Multiplizität von triv_G in ρ ist das Skalarprodukt $\langle \mathrm{triv}_G, \chi \rangle$. Wir bestimmen dieses Skalarprodukt mit Hilfe der Frobenius-Reziprozität:

$$\langle \mathrm{triv}_G, \chi \rangle = \langle \mathrm{triv}_G, \mathrm{Ind}_H^G(\mathrm{triv}_H) \rangle = \langle \mathrm{Res}_H^G(\mathrm{triv}_G), \mathrm{triv}_H \rangle$$
$$= \langle \mathrm{triv}_H, \mathrm{triv}_H \rangle = 1.$$

Bemerkung Wenn die Gruppe G auf X mit k Orbits wirkt, dann kann man mit der gleichen Methode zeigen, dass

$$\langle \mathrm{triv}_G, \chi \rangle = k$$

ist. Wenn $X_1, \ldots, X_k$ die Orbits der G-Wirkung auf X sind, dann ist der Charakter von ρ gleich der Summe der Charaktere der Permutationsdarstellungen von G auf X_i, $i = 1, \ldots, k$. Für jede dieser Permutationsdarstellungen einzeln, ist das entsprechende Skalarprodukt mit triv_G gleich 1 (denn die Wirkung von G auf X_i ist transitiv und wir können diese Aufgabe anwenden) und insgesamt summiert sich das gesamte Skalarprodukt $\langle \mathrm{triv}_G, \chi \rangle$ auf k.

Teil b) Wir zeigen zunächst den Hinweis zu dieser Aufgabe. Sei $x_0 \in X$ ein beliebiges Element und sei $H = \mathrm{Stab}_G(x_0)$. Wir betrachten die Menge G/H der Linksnebenklassen als eine G-Menge, wobei G durch die Linksmultiplikation wirkt, und definieren eine Abbildung

$$\varphi \colon G/H \to X$$
$$gH \mapsto gx_0.$$

Es ist sehr leicht zu sehen, dass φ wohldefiniert, G-äquivariant, injektiv und surjektiv ist. Damit ist φ ein Isomorphismus von G-Mengen X und G/H.

Nun machen wir uns Teilaufgabe a) zunutze. Sei ρ die entsprechende Permutationsdarstellung und sei χ der Charakter von ρ. Im Teil a) haben wir gezeigt, dass $\langle \mathrm{triv}_G, \chi \rangle = 1$ ist. Aber

$$\langle \mathrm{triv}_G, \chi \rangle = \frac{1}{|G|} \sum_{g \in G} \chi(g) = \frac{1}{|G|} \sum_{g \in G} |\mathrm{Fix}_X(g)|.$$

Daraus folgt die gesuchte Formel.

Beispiel Die symmetrische Gruppe $G = S_n$ wirkt transitiv auf der Menge $X = \{1, 2, \ldots, n\}$. Folglich ist

$$\frac{1}{n!} \sum_{g \in S_n} |\mathrm{Fix}_X(g)| = 1.$$

Das bedeutet, dass *im Schnitt* jede Permutation genau ein Element von X invariant lässt.

Aufgabe 63 Teil a) Da die Gruppe G auf der Menge X zweifach transitiv wirkt, wirkt sie auch transitiv und wir bezeichnen mit H den Stabilisator eines Punktes $x \in X$. Da H eine Untergruppe von G ist, wirkt H ebenfalls auf X.

Bekanntermaßen sind folgende Bedingungen für Gruppenwirkungen äquivalent:

1) G wirkt auf X zweifach transitiv;
2) G wirkt diagonal auf $X \times X$ mit 2 Orbits;
3) H wirkt auf $X \setminus \{x\}$ transitiv;
4) H wirkt auf X mit 2 Orbits.

Wir überlassen den Lesern den Beweis dieser Äquivalenzen als eine weitere Übungsaufgabe.

Die Wirkung von G auf X definiert eine Permutationsdarstellung, die wir mit ρ bezeichnen. Sei ferner χ der Charakter von ρ und triv_G bzw. triv_H bezeichne die triviale eindimensionale Darstellung von G bzw. von H.

Gemäß Aufgabe 62a ist $\chi = \mathrm{triv}_G + \chi_1$ für einen Charakter χ_1. Unser Ziel ist es zu zeigen, dass χ_1 irreduzibel ist. Da χ_1 Grad $|X| - 1$ hat, genügt dies zum Beweis der Aufgabenstellung.

Wir berechnen das Skalarprodukt $\langle \chi, \chi \rangle$. Wie in Aufgabe 62a haben wir die Identität $\chi = \mathrm{Ind}_H^G(\mathrm{triv}_H)$. Es gilt mit Hilfe der Frobenius-Reziprozität:

$$\langle \chi, \chi \rangle = \langle \chi, \mathrm{Ind}_H^G(\mathrm{triv}_H) \rangle = \langle \mathrm{Res}_H^G(\chi), \mathrm{triv}_H \rangle.$$

Dabei ist $\mathrm{Res}_H^G(\chi)$ der Charakter der Permutationsdarstellung von H auf X, die nach unseren Voraussetzungen zwei Orbits hat. Die Bemerkung zur Lösung Aufgabe 62a (angewandt auf die Wirkung der Gruppe H (nicht G) auf X) zeigt, dass dann

32 Permutationsdarstellungen

$$\langle \mathrm{Res}_H^G(\chi), \mathrm{triv}_H \rangle = 2$$

ist.

Folglich ist $\langle \chi, \chi \rangle = 2$ und damit ist χ eine Summe von genau zwei irreduziblen Darstellungen von G. Damit ist χ_1 irreduzibel.

Bemerkung Bekanntermaßen ist jede zweifach transitive Wirkung primitiv und eine Wirkung von G auf G/H ist genau dann primitiv, wenn H eine maximale Untergruppe von G ist (siehe [La, Kap. 1, S. 80]).

Teil b) Die Gruppe $\mathrm{GL}_2(q)$ wirkt zweifach transitiv auf der projektiven Gerade $\mathbb{P}^1(q)$ über dem Körper $\mathbb{F}_q$ (wir können die projektive Gerade als die Menge aller eindimensionalen Untervektorräume von $\mathbb{F}_q^2$ auffassen). Diese projektive Gerade besteht aus $q+1$ Punkten. Nach Teil a) besitzt dann $\mathrm{GL}_2(q)$ eine irreduzible komplexe Darstellung vom Grad q.

Aufgabe 64 Die Gruppe G wirkt auf G durch Konjugation. Wir nehmen die dazugehörige Permutationsdarstellung von G und bezeichnen den Charakter dieser Permutationsdarstellung mit θ.

Für ein beliebiges $g \in G$ ist $\theta(g)$ gleich der Anzahl der Fixpunkte von g, d. h. der Mächtigkeit der Menge

$$\{x \in G \mid gxg^{-1} = x\}.$$

Man erkennt sofort in dieser Menge den Zentralisator $Z_G(g)$ von g in G.

Wir berechnen nun das Skalarprodukt $\langle \chi, \theta \rangle$. Dieses Skalarprodukt ist die Multiplizität von χ in θ und damit eine natürliche Zahl oder 0.

Es gilt:

$$\mathbb{N}_0 \ni \langle \chi, \theta \rangle = \frac{1}{|G|} \sum_{g \in G} \chi(g) \overline{\theta(g)}$$

$$= \frac{1}{|G|} \sum_{i=1}^s |C_i| \chi(g_i) \overline{\theta(g_i)}$$

$$= \frac{1}{|G|} \sum_{i=1}^s |C_i| \chi(g_i) |Z_G(g_i)|$$

$$= \frac{1}{|G|} \sum_{i=1}^s |C_i| \chi(g_i) \frac{|G|}{|C_i|}$$

$$= \sum_{i=1}^s \chi(g_i)$$

wie gewünscht.

Bemerkung Eine komplementäre Eigenschaft ist in Aufgabe 53 gegeben.

Kapitel 33
Reelle Darstellungen

Aufgabe 65 Teil a) Seien $g, h \in G$ beliebige Elemente. Um zu zeigen, dass Q eine zentrale Funktion ist, d. h. dass Q auf den Konjugationsklassen von G konstant ist, benutzen wir folgende natürliche Bijektion zwischen den entsprechenden Lösungsmengen:

$$\{x \in G \mid x^2 = g\} \longleftrightarrow \{y \in G \mid y^2 = hgh^{-1}\}$$
$$x \mapsto hxh^{-1}$$
$$h^{-1}yh \mapsfrom y$$

Es folgt, dass $Q(g) = Q(hgh^{-1})$ für alle $g, h \in G$ ist und damit ist Q eine zentrale Funktion.

Teil b) Da Q eine zentrale Funktion ist, können wir Q in der Basis aus irreduziblen Charakteren zerlegen. Es ist also

$$Q = \sum_{i=1}^{s} \alpha_i \chi_i, \; \alpha_i \in \mathbb{C}.$$

Die Koeffizienten α_i können wir mit Hilfe des Skalarprodukts ermitteln:

$$\alpha_i = \langle \chi_i, Q \rangle = \frac{1}{|G|} \sum_{g \in G} \overline{Q(g)} \chi_i(g)$$
$$= \frac{1}{|G|} \sum_{g \in G} Q(g) \chi_i(g) = \frac{1}{|G|} \sum_{g \in G} \Big(\sum_{\substack{h \in G \\ h^2 = g}} \chi_i(h^2) \Big) = \frac{1}{|G|} \sum_{h \in G} \chi_i(h^2).$$

Dabei haben wir benutzt, dass $Q(g) \in \mathbb{Z}$ und die komplexe Konjugation überflüssig ist.

Aufgabe 66 Die Matrix $R = (\chi_i(g_j))_{1 \leq i,j \leq s}$ ist invertierbar nach Aufgabe 52.

Wenn χ der Charakter einer irreduziblen komplexen Darstellung von G ist, dann ist der duale Charakter χ^* auch irreduzibel. Folglich unterscheiden sich die komplex konjugierte Matrix $\overline{R}$ und die Matrix R nur in der Reihenfolge der *Zeilen*. Damit existiert eine Permutationsmatrix[1] $P \in M_s(\mathbb{C})$ mit $PR = \overline{R}$.

Da $\overline{\chi_i(g_j)} = \chi_i(g_j^{-1})$ gilt, unterscheiden sich die Matrix $\overline{R}$ und die Matrix R nur in der Reihenfolge der *Spalten*. Damit existiert eine Permutationsmatrix $Q \in M_s(\mathbb{C})$ mit $RQ = \overline{R}$.

Außerdem haben wir folgende Äquivalenzen:

$$\chi_i \in A \iff \text{die Matrix } P \text{ hat den Eintrag 1 an der Stelle } (i,i)$$

und

$$g_j \text{ und } g_j^{-1} \text{ sind konjugiert} \iff \text{die Matrix } Q \text{ hat den Eintrag 1 an der Stelle } (j,j).$$

Folglich ist $|A| = \operatorname{Tr} P$ und $|B| = \operatorname{Tr} Q$. Aber

$$Q = R^{-1}\overline{R} = R^{-1}PR$$

und damit erhalten wir $\operatorname{Tr} P = \operatorname{Tr} Q$.

---

[1] Eine Permutationsmatrix ist eine quadratische Matrix, bei der genau ein Eintrag in jeder Zeile und in jeder Spalte gleich 1 ist und alle anderen Einträge gleich 0 sind.

Kapitel 34
Nicht-kommutative diskrete Fourier-Transformation

Aufgabe 67 Teil a) Bekanntermaßen ist der Index $|G : [G, G]|$ gleich der Anzahl der linearen Charaktere von G. Da lineare Charaktere nie den Wert 0 annehmen, genügt es zu zeigen, dass für jeden nicht trivialen irreduziblen Charakter χ von G ein Element $g \in G$ existiert mit χ von G ein Element $g \in G$ existiert mit $\chi(g) = 0$.

Wie im Hinweis angegeben, nehmen wir ω_χ von beiden Seiten der Identität (16.2). Wir bezeichnen mit triv den trivialen eindimensionalen Charakter von G. Beachte auch, dass $c \neq 0$ ist, da

$$\sum_{i=1}^{s} K_i = \sum_{g \in G} g \in \mathbb{C}[G]$$

und die Elemente $g \in G$ eine Basis von $\mathbb{C}[G]$ bilden.

Es gilt:

$$\begin{aligned}
\omega_\chi \left(c^{-1} \cdot \sum_{i=1}^{s} K_i \right) &= c^{-1} \sum_{i=1}^{s} \omega_\chi(K_i) \\
&= c^{-1} \sum_{i=1}^{s} \frac{|C_i| \chi(g_i)}{\chi(1)} \\
&= \frac{c^{-1}}{\chi(1)} \sum_{g \in G} \chi(g) \\
&= \frac{c^{-1} \cdot |G|}{\chi(1)} \langle \chi, \text{triv} \rangle = 0,
\end{aligned}$$

wobei wir im letzten Schritt die Orthogonalitätsrelationen benutzt haben (beachte, dass $\chi \neq \text{triv}$).

Ferner gilt:

$$\omega_\chi\left(\prod_{i=1}^s K_i\right) = \prod_{i=1}^s \omega_\chi(K_i) = \prod_{i=1}^s \frac{|C_i|\chi(g_i)}{\chi(1)},$$

da ω_χ ein Ringhomomorphismus ist. Zusammengefasst haben wir

$$\prod_{i=1}^s \frac{|C_i|\chi(g_i)}{\chi(1)} = 0$$

und damit $\chi(g_i) = 0$ für ein $i = 1, \ldots, s$, wie gewünscht.

Teil b) Sei $\sigma := \sum_{i=1}^s K_i$. Wie in Teil a) gezeigt, ist

$$\omega_\chi(\sigma) = \begin{cases} |G|, & \chi = \text{triv}; \\ 0, & \chi \neq \text{triv}. \end{cases}$$

Sei $\pi := \prod_{i=1}^s K_i$. Es gilt:

$$\omega_{\text{triv}}(K_i) = |C_i|$$

und

$$\omega_{\text{triv}}(\pi) = \prod_{i=1}^s \omega_{\text{triv}}(K_i) = \prod_{i=1}^s |C_i|.$$

Definiere $c := \frac{|G|}{\prod_{i=1}^s |C_i|} \in \mathbb{Q}$.

Sei $\chi \in \text{Irr}(G) \setminus \{\text{triv}\}$. Da $G = [G, G]$ ist, ist der Grad von χ größer als 1. Nach Aufgabe 50 existiert ein Element $g \in G$ mit $\chi(g) = 0$. Folglich ist, wie in Teil a),

$$\omega_\chi(\pi) = 0 \quad \text{für alle } \chi \in \text{Irr}(G) \setminus \{\text{triv}\}.$$

Zusammengefasst haben wir gezeigt, dass für alle $\chi \in \text{Irr}(G)$ folgende Identität gilt:

$$\omega_\chi(\sigma) = c \cdot \omega_\chi(\pi) = \omega_\chi(c\pi).$$

Die Homomorphismen ω_χ sind die Komponenten der Fourier-Transformation, die bijektiv ist. Insbesondere ist

$$\bigcap_{\chi \in \text{Irr}(G)} \text{Ker}\,\omega_\chi = 0$$

und folglich $\sigma = c\pi$ wie gewünscht.

Aufgabe 68 Wie in Aufgabe 67 benutzen wir die Fourier-Transformation und den Homomorphismus

34 Nicht-kommutative diskrete Fourier-Transformation

$$\omega_\chi : \text{Cent}(\mathbb{C}[G]) \to \mathbb{C}$$
$$K_i \mapsto \frac{|C_i| \cdot \chi(g_i)}{\chi(1)}.$$

Aus
$$K_i K_j = \sum_k a_{ij}^k K_k$$

folgt
$$\frac{|C_i| \cdot \chi(g_i)}{\chi(1)} \cdot \frac{|C_j| \cdot \chi(g_j)}{\chi(1)} = \sum_k a_{ij}^k \frac{|C_k| \cdot \chi(g_k)}{\chi(1)}.$$

Als Nächstes benutzen wir die Orthogonalitätsrelationen für Spalten der Charaktertafel:
$$\sum_{\chi \in \text{Irr}(G)} \chi(g_m)\overline{\chi(g_k)} = \begin{cases} |Z_G(g_m)|, & k = m; \\ 0, & k \neq m. \end{cases}$$

Es folgt daraus:

$$|C_i| \cdot |C_j| \cdot \sum_{\chi \in \text{Irr}(G)} \frac{\chi(g_i)\chi(g_j)\overline{\chi(g_k)}}{\chi(1)} = \sum_m a_{ij}^m \Big(\sum_{\chi \in \text{Irr}(G)} |C_m| \cdot \chi(g_m)\overline{\chi(g_k)} \Big)$$
$$= \sum_m a_{ij}^m \cdot |C_m| \cdot |Z_G(g_m)| \delta_{km}$$
$$= a_{ij}^k \cdot |C_k| \cdot |Z_G(g_k)|$$
$$= a_{ij}^k \cdot |G|,$$

wobei δ_{km} das Kronecker-Delta ist.

Schließlich folgt die gewünschte Formel:
$$a_{ij}^k = \frac{|C_i| \cdot |C_j|}{|G|} \sum_{\chi \in \text{Irr}(G)} \frac{\chi(g_i)\chi(g_j)\overline{\chi(g_k)}}{\chi(1)}.$$

Aufgabe 69 Wir machen uns die Resultate aus Aufgabe 68 zunutze.

Sei $g \in G$ ein Kommutator, d.h. $g = [x, y]$ für irgendwelche Elemente $x, y \in G$. Dann ist $g = x(yx^{-1}y^{-1})$. Seien i, j und k so, dass $x \in C_i$, $x^{-1} \in C_j$ und $g \in C_k$. Dann ist offensichtlich die Strukturkonstante $a_{ij}^k \neq 0$, denn $yx^{-1}y^{-1}$ liegt auch in C_j. Folglich ist

$$\sum_{\chi \in \text{Irr}(G)} \frac{\chi(x)\chi(x^{-1})\overline{\chi(g)}}{\chi(1)} = \sum_{\chi \in \text{Irr}(G)} \frac{\chi(x)\overline{\chi(x)}\chi(g)}{\chi(1)} \neq 0.$$

Es gilt ferner:

$$\sum_{z \in G} \sum_{\chi \in \mathrm{Irr}(G)} \frac{\chi(z)\overline{\chi(z)}\chi(g)}{\chi(1)} = \sum_{\chi \in \mathrm{Irr}(G)} \frac{\overline{\chi(g)}}{\chi(1)} \sum_{z \in G} \chi(z)\overline{\chi(z)}$$

$$= |G| \sum_{\chi \in \mathrm{Irr}(G)} \frac{\overline{\chi(g)}}{\chi(1)}, \qquad (34.1)$$

wobei wir im letzten Schritt die Orthogonalitätsrelationen für Zeilen der Charaktertafel benutzt haben.

Beachte auch, dass ganz allgemein für alle $z \in G$ immer

$$\sum_{\chi \in \mathrm{Irr}(G)} \frac{\chi(z)\overline{\chi(z)}\chi(g)}{\chi(1)} \in \mathbb{Q}^{\geq 0}$$

gilt, da alle Strukturkonstanten in $\mathbb{N}_0$ liegen.

Zusammengefasst haben wir eine Summe von nicht negativen rationalen Zahlen, mit einer davon (für $z = x$) ungleich 0. Folglich ist die gesamte Summe größer 0:

$$\sum_{z \in G} \sum_{\chi \in \mathrm{Irr}(G)} \frac{\chi(z)\overline{\chi(z)}\chi(g)}{\chi(1)} = |G| \sum_{\chi \in \mathrm{Irr}(G)} \frac{\overline{\chi(g)}}{\chi(1)} \in \mathbb{Q}^{>0}.$$

Dann ist auch

$$\sum_{\chi \in \mathrm{Irr}(G)} \frac{\chi(g)}{\chi(1)} > 0,$$

wie gewünscht.

Sei jetzt umgekehrt

$$\sum_{\chi \in \mathrm{Irr}(G)} \frac{\chi(g)}{\chi(1)} \neq 0$$

und sei k so, dass $g \in C_k$ liegt.

Wie oben gezeigt, ist die Summe (34.1) eine Summe von nicht negativen Zahlen. Da die gesamte Summe nicht 0 ist, ist ein Summand in dieser Summe für ein $z \in G$ nicht 0. Seien i und j so, dass dieses $z \in C_i$ und $z^{-1} \in C_j$.

Dann ist die Strukturkonstante $a_{ij}^k \neq 0$ und folglich $g \in C_i C_j$, wobei $C_j = C_i^{-1}$ ist. Das bedeutet genau, dass $x \in C_i$ und $y \in G$ existieren, sodass $g = [x, y]$ ist.

Bemerkungen

1) Es gilt folgende allgemeinere Eigenschaft, die wir den Lesern als eine weitere Übungsaufgabe überlassen:
   Sei $n \in \mathbb{N}$. Ein Element $g \in G$ ist ein Produkt von n Kommutatoren genau dann,

wenn
$$\sum_{\chi \in \mathrm{Irr}(G)} \frac{\chi(g)}{\chi(1)^{2n-1}} \neq 0.$$

2) Als Beispiel für eine Gruppe, in der nicht jedes Element der Kommutatoruntergruppe ein Kommutator ist, können wir dieselbe Gruppe nehmen wie in der Bemerkung in der Lösung zu Aufgabe 53.
In der Sprache des Computeralgebrasystems GAP ist das die Gruppe Smallgroup(96,3) der Ordnung 96. Die Elemente in der Konjugationsklasse $2B$ liegen in der Kommutatoruntergruppe, sind aber keine Kommutatoren, da für alle $g \in 2B$
$$\sum_{\chi \in \mathrm{Irr}(G)} \frac{\chi(g)}{\chi(1)} = 0$$
ist. Wir bemerken auch, dass in allen Gruppen der Ordnung < 96 alle Elemente in den Kommutatoruntergruppen Kommutatoren sind.

3) In diesem Zusammenhang möchten wir noch eine berühmte Vermutung von Øystein Ore erwähnen:
In jeder endlichen einfachen nicht abelschen Gruppe ist jedes Element ein Kommutator.
Die Geschichte dieser Vermutung ist sehr lange und wir haben keine Möglichkeit hier alle Meilensteine und deren Autoren zu erwähnen, die im Laufe der Zeit zum Beweis dieser Vermutung beigetragen haben. Wir nennen nur die letzte Arbeit, nämlich [LOST] von Liebeck, O'Brien, Shalev und Tiep, wo die letzten offenen Fälle dieser Vermutung behandelt wurden und seitdem die Vermutung von Ore als bewiesen gilt.

Aufgabe 70 Sei n die Ordnung des Elements g. Wir betrachten den Homomorphismus $\varphi_m \in \mathrm{Gal}(\mathbb{Q}(\zeta_n)/\mathbb{Q})$ aus dem Hinweis zur Aufgabe 51. Dann $\chi(g^m) = \varphi_m(\chi(g))$ für alle $\chi \in \mathrm{Irr}(G)$.
Da g ein Kommutator ist, impliziert Aufgabe 69, dass
$$\sum_{\chi \in \mathrm{Irr}(G)} \frac{\chi(g)}{\chi(1)} \neq 0$$
ist. Die Anwendung des Körperhomomorphismus φ_m auf diese Ungleichung impliziert, dass
$$\sum_{\chi \in \mathrm{Irr}(G)} \frac{\chi(g^m)}{\chi(1)} \neq 0$$
ist. Die Umkehrrichtung in Aufgabe 69 impliziert schließlich, dass g^m auch ein Kommutator ist.

Kapitel 35
Frobeniusgruppen

Aufgabe 71 Zuerst schreiben wir die Charaktertafel der Gruppe S_3:

	1	3	2
	1	(1 2)	(1 2 3)
.	1	1	1
.	1	-1	1
.	2	0	-1

Die Frobeniusgruppe $G = C_7 \rtimes S_3$ hat drei irreduzible Darstellungen, die durch Inflation der irreduziblen Darstellungen von S_3 entstehen; dazu kommt zusätzlich noch mindestens eine irreduzible Darstellung der Form $\mathrm{Ind}_{C_7}^G(\chi)$ für eine nicht triviale eindimensionale Darstellung χ von C_7. Diese induzierte Darstellung hat Dimension $|G : C_7| = 6$.

Insgesamt haben wir

$$1^2 + 1^2 + 2^2 + 6^2 = 42 = |G|$$

und damit haben wir schon alle irreduzible Darstellungen von G gefunden. Insbesondere hat G auch 4 Konjugationsklassen.

Wir bekommen daher folgende Charaktertafel von G:

	1	x	y	z
	C_1	C_2	C_3	C_4
.	1	1	1	1
.	1	-1	1	a
.	2	0	-1	b
.	6	c	d	e

Dabei ist $z = 41 - x - y$. Aus der Orthogonalität der 2. und der 3. Spalten mit der 1. Spalte können wir sofort c und d finden: $c = 0$ und $d = 0$.

Wir bekommen damit folgende Charaktertafel:

	1	x	y	z
	C_1	C_2	C_3	C_4
.	1	1	1	1
.	1	-1	1	a
.	2	0	-1	b
.	6	0	0	e

Die Orthogonalität der 4. Spalte mit der 2. Spalte liefert $a = 1$ und die Orthogonalität der 4. Spalte mit der 3. Spalte liefert: $b = 2$. Schließlich liefert die Orthogonalität der 4. Spalte mit der 1. Spalte $e = -1$.

Zusammengefasst haben wir folgende Charaktertafel:

	1	x	y	z
	C_1	C_2	C_3	C_4
.	1	1	1	1
.	1	-1	1	1
.	2	0	-1	2
.	6	0	0	-1

Am Ende können wir noch x, y und z mit Hilfe von folgenden Orthogonalitätsrelationen bestimmen (beachte, dass alle Einträge in der Charaktertafel reell sind): Wir haben

$$\sum_{\chi \in \text{Irr}(G)} \chi(g)^2 = \frac{42}{|C_i|}, \ g \in C_i$$

für $i = 2, 3, 4$. Wir berechnen leicht, dass $x = 21$, $y = 14$ und $z = 6$.

Die Leser können gerne die Orthogonalität von Zeilen, sowie weitere Eigenschaften der Charaktertafel kontrollieren.

Eine Gruppe mit dieser Charaktertafel existiert allerdings nicht. Wir werden hier keinen vollständigen Beweis angeben, sondern erwähnen nur einige interessante Resultate in Richtung des Beweises.

Wir beginnen mit negativen Beobachtungen. Erstens gibt es tatsächlich einen nicht trivialen Homomorphismus

$$S_3 \to \text{Aut}\, C_7 \simeq C_6$$

und wir haben hier zwei Möglichkeiten: das semidirekte Produkt $C_7 \rtimes S_3$ ist entweder direkt oder isomorph zur Diedergruppe D_{21}. Diese Diedergruppe ist in der Tat eine Frobeniusgruppe, allerdings mit dem Frobeniuskern C_{21} und mit dem Frobeniuskomplement C_2.

Zweitens besagt ein tiefes Resultat von John Thompson [Tho1, Tho2], dass der Frobeniuskern (also C_7 in unserem hypothetischen Fall) eine nilpotente Gruppe ist. Das ist in unserem Fall tatsächlich so.

35 Frobeniusgruppen

Drittens gibt es tatsächlich noch eine Frobeniusgruppe der Ordnung 42, nämlich von der Form $C_7 \rtimes C_6$ mit dem Frobeniuskern C_7 und dem Frobeniuskomplement C_6 statt S_3.

Nichtsdestotrotz ist es möglich zu zeigen, dass die von uns konstruierte hypothetische Charaktertafel nicht existiert. Man kann nämlich alle Gruppen der Ordnung 42 klassifizieren. Es sind am Ende 6 Gruppen:

(1) C_{42} (die zyklische Gruppe),
(2) D_{21} (die Diedergruppe), eine Frobeniusgruppe mit dem Frobeniuskomplement C_2,
(3) $C_7 \times S_3$,
(4) $C_3 \times D_7$,
(5) $C_7 \rtimes C_6 \simeq \mathrm{Aut}D_7$ (eine Frobeniusgruppe mit dem Frobeniuskomplement C_6), diese Gruppe ist auch bekannt als die Gruppe $\mathrm{Aff}(\mathbb{F}_7)$ aller affinen linearen Transformationen des Körpers $\mathbb{F}_7$:
$\mathrm{Aff}(\mathbb{F}_7) = \{\psi : \mathbb{F}_7 \to \mathbb{F}_7 \mid \psi(x) = ax + b \text{ für } a \in \mathbb{F}_7^*,\ b \in \mathbb{F}_7\}$
und
(6) $C_2 \times (C_7 \rtimes C_3)$, wobei $C_7 \rtimes C_3$ die einzige nicht abelsche Gruppe der Ordnung 21 ist (siehe Aufgabe 40).

In dieser Liste haben wir genau zwei Frobeniusgruppen.

Es ist leicht zu sehen, dass die von uns konstruierte hypothetische Charaktertafel zu keiner Gruppe aus dieser Liste gehört.

Bemerkung Man kann zeigen, dass alle Diedergruppen D_n mit einem ungeraden $n \geq 3$ Frobeniusgruppen sind (und für alle geraden n nicht). Ferner sind auch alle affinen Gruppen $\mathrm{Aff}(\mathbb{F}_q)$ (die genauso wie die Gruppe $\mathrm{Aff}(\mathbb{F}_7)$ oben definiert sind) für alle endlichen Körper Frobeniusgruppen; cf. Aufgabe 41.

Literatur

ATLAS. John Horton Conway, Robert Turner Curtis, Simon Phillips Norton, Richard Alan Parker, Robert Arnott Wilson, with computational assistance from J. G. Thackray, *ATLAS of Finite Groups*, Oxford University Press, 1985.

AM. Michael Francis Atiyah, Ian Grant Macdonald, *Introduction to commutative algebra*, Addison-Wesley series in Mathematics, 1969.

Ben. Helmut Bender, *A group theoretic proof of Burnside's $p^a q^b$-theorem*, Mathematische Zeitschrift, 126 (1972), 327–338.

BG. David Borthwick and Skip Garibaldi, *Did a 1-dimensional magnet detect a 248-dimensional Lie algebra?*, Notices AMS 58 (2011), 1055–1066.

BrN. Richard Brauer, Cecil J. Nesbitt, *On the modular characters of groups*, Ann. of Math. 42 (1941), 556–590.

Bu. William Burnside, *Theory of groups of finite order*, Cambridge University Press, 1911.

Cay. Arthur Cayley, *On the theory of groups*, American Journal of Mathematics, vol. 11, no. 2 (1889), 139–157.

CSl. J. H. Conway, N. J. A. Sloane, *Sphere Packings, Lattices and Groups*, Springer-Verlag, 1999.

CSm. John H. Conway, Derek A. Smith, *On quaternions and octonions: their geometry, arithmetic, and symmetry*, Taylor and Francis Group, 2003.

Di. Persi Diaconis, *Group representations in probability and statistics*, Lecture Notes, Monograph Series, volume 11, 1988.

FH. William Fulton, Joe Harris, *Representation theory: a first course*, Springer New York, 1991.

Ga. Skip Garibaldi, E_8, the most exceptional group, Bull. AMS 53 (2016), no. 4, 643–671.

GS. Skip Garibaldi, Nikita Semenov, *Degree 5 Invariant of E_8*, International Mathematics Research Notices, volume 2010, issue 19, 2010, 3746–3762.

Grie. Robert L. Griess, *Twelve sporadic groups*, Springer-Verlag, 1998.

Ha. Edward J. Hannan, *Group representations and applied probability*, Methuen's Supplementary Review Series in Applied Probability, Vol. 3 Methuen & Co., Ltd., London, 1965.

HS. Peter Hilton, Urs Stammbach, *A course in homological algebra*, Second Edition, Springer New York, 1997.

Hu. James E. Humphreys, *Reflection groups and Coxeter groups*, Cambridge University Press, 1990.

Hup. Bertram Huppert, *Character theory of finite groups*, Berlin, New York: De Gruyter, 1998.

Isa. I. Martin Isaacs, *Character theory of finite groups*, Pure and Applied Mathematics, No. 69. Academic Press, New York–London, 1976.

Ki. Wilhelm Killing, *Die Zusammensetzung der stetigen endlichen Transformationsgruppen. Zweiter Theil*, Mathematische Annalen, volume 33 (1889), 1–48.

Klein1. Felix Klein, *Über binäre Formen mit linearen Transformationen in sich selbst*, Mathematische Annalen, Band 9 (1875/76).
Klein2. Felix Klein, *Vorlesungen über das Ikosaeder und die Auflösung der Gleichungen vom fünften Grade*, Leipzig, B. G. Teubner Verlag, 1884.
Inv. Max-Albert Knus, Alexander Merkurjev, Markus Rost, Jean-Pierre Tignol, *The book of involutions*, AMS Colloquium Publications, volume 44, 1998.
Lan. Edmund Landau, *Über die Klassenzahl der binären quadratischen Formen von negativer Discriminante*, Mathematische Annalen, 56 (1903), 671–676.
La. Serge Lang, *Algebra*, Rev. 3rd edition, Springer New York, 2002.
L. Victor-Amédée Le Besgue, *Exercices d'analyse numérique*, Paris 1859. (Victor-Amédée Le Besgue (1791–1875) soll nicht mit Henri-Léon Lebesgue (1875–1941) verwechselt werden, der aus der Mathematischen Analysis sehr bekannt ist).
Le. Walter Ledermann, *Issai Schur and his school in Berlin*, Bull. London Math. Soc. 15 (1983), 97–106.
LOST. Martin Liebeck, E.A. O'Brien, Aner Shalev, Pham Tiep, *The Ore conjecture*, Journal of the European Mathematical Society 012 (2010), issue 4, 939–1008.
Ma. Émile Mathieu, *Mémoire sur l'étude des fonctions de plusieurs quantités, sur la manière de les former et sur les substitutions qui les laissent invariables*, Journal de Mathématiques Pures et Appliquées, 6 (1861), 241–323.
Mi1. George Abram Miller, *The regular substitution groups whose orders are less than 48*, Quarterly Journal of Pure and Applied Mathematics, vol. 28 (1896), 232–284.
Mi2. George Abram Miller, *General theorems applying to all the groups of order 32*, Proc. Nat. Acad. Sci. USA, vol. 22 (1936), 112–115.
MK. John McKay, *Graphs, singularities, and finite groups*, The Santa Cruz Conference on Finite Groups (Univ. California, Santa Cruz, 1979), 183–186, Proc. Sympos. Pure Math., 37 American Mathematical Society, Providence, RI, 1980.
Mon. Gaspard Monge, *Réflexions sur un tour de cartes*, Mémoires de Mathématique et de Physique, Académie Royal des Sciences, Paris (1773), 390–412.
Os. Denis Osin, *Small cancellations over relatively hyperbolic groups and embedding theorems*, Ann. of Math. 172 (2010), issue 1, 1–39.
Pf. Albrecht Pfister, *Zur Darstellung von -1 als Summe von Quadraten in einem Körper*, J. London Math. Soc. 40 (1965), 159–165.
Ser1. Jean-Pierre Serre, *Linear representations of finite groups*, Graduate Texts in Mathematics, Vol. 42. Springer-Verlag, New York–Heidelberg, 1977.
Ser2. Jean-Pierre Serre, *Lie algebras and Lie groups*, Lecture Notes in Mathematics, vol. 1500, 1992.
Ser3. Jean-Pierre Serre, *Complex semisimple Lie algebras*, Springer-Verlag Berlin Heidelberg, 2001.
Ser4. Jean-Pierre Serre, *Propriétés galoisiennes des points d'ordre fini des courbes elliptiques*, Invent. Math. 15 (1972), 259–331 (= Oe., vol. III, #94).
Ser5. Jean-Pierre Serre, *Extensions icosaédriques*, In Seminar on Number Theory, 1979–1980, exp. 19, Uni. Bordeaux I, Talence 1980 (= Oe., vol. III, #123).
Ser6. Jean-Pierre Serre, *Sous-groupes finis des groupes de Lie*, Astérisque 266 (2000), 415–430 (= Oe., vol. IV, #174).
Tho1. John G. Thompson, *Finite groups with fixed-point-free automorphisms of prime order*, Proceedings of the National Academy of Sciences of the United States of America, vol. 45 (1959), no. 4, 578–581.
Tho2. John G. Thompson, *Normal p-complements for finite groups*, Mathematische Zeitschrift 72 (1960), 332–354.
V. Nikolai Vavilov, *Computers as fresh mathematical reality. II. Waring problem*, Computer Tools in Education, (3), 2021, 5–55, https://doi.org/10.32603/2071-2340-2020-3-5-55
Wil. Robert A. Wilson, *The finite simple groups*, Springer-Verlag, 2009.

Stichwortverzeichnis

A
Abbildung, äquivariante, 10, 33
Abelisierung, 17, 34
Automorphismus von S_6, äußerer, 46, 134

B
Bahn, 4
Bahnformel, 4

C
Charakter
 der induzierten Darstellung, 33
 der regulären Darstellung, 16
 des äußeren Quadrats, 30
 des symmetrischen Quadrats, 30
 des Tensorprodukts, 18
 einer Darstellung, 15
 einer Permutationsdarstellung, 17
 irreduzibler, 16
 linearer, 16, 17
Charaktertafel 19
 der binären Ikosaedergruppe, 71
 der binären Oktaedergruppe, 69
 der binären Tetraedergruppe, 68
 von A_4, 20
 von C_n, 25
 von S_3, 20
 von S_4, 21
Clifford-Theorie, 37
Coxeter-Zahl, 73

D
Darstellung, 9
 duale, 11, 17
 induzierte, 31
 irreduzible, 11
 reguläre, 10, 16, 33, 40, 46
 treue, 13
 triviale, 11
 unzerlegbare, 11
Deflation, 90
Diedergruppe, 20, 46, 66, 102, 137, 146, 174, 175
dizyklische Gruppe, 146
Dynkin-Diagramm, 46, 69

E
E_8, 73

F
Faltung, 57
Fourier-Transformation, 57
Frobenius-Reziprozität, 33
Frobeniusgruppe, 63
Frobeniuskern, 63
Frobeniuskomplement, 63
Funktion, zentrale, 15
Funktor, adjungierter, 34

G
Grad, 9, 16
Gruppe
 affine, 175
 der Ordnung pq, 114

dizyklische, 66, 71
perfekte, 22
Gruppenalgebra, 10

H
Hallsche Untergruppe, 38
Hurwitzquaternionen, 67

I
Ikosaedergruppe, binäre, 70, 121
Ikosiane, 70
Inflation, 17, 45
Irr(G), 16

K
Kern eines Charakters, 27
Klassengleichung, 4

L
Lemma von Schur, 12, 90
Liouville-Identität, 67

M
Mathieu-Gruppe, 134
McKay-Graph, 69
Monge-Mischung, 134
Multiplizität, 19

O
Oktaedergruppe, binäre, 69
Orbit, 4
Orthogonalitätsrelationen, 18

P
Pauli-Matrizen, 137
Permutationsdarstellung, 16, 32, 45, 53
p-Gruppe, 4
Potenz
  äußere, 29
  symmetrische, 29
pq-Satz von Burnside, 61

Q
Quaternionengruppe, 46, 66, 69, 71, 145

R
Restriktion, 17

S
Satz
  von Brauer–Nesbitt, 46
  von Burnside, 40, 45, 59, 61
  von Feit–Thompson, 39, 122
  von Ito, 102
  von Krull–Remak–Schmidt, 12
  von Maschke, 11
Schur-Indikator, 50, 56, 136
Skalarproduktkriterium, 19
Spin(3), 65, 146, 155
Stabilisator, 4
Standard-Darstellung einer symmetrischen
  Gruppe, 20
Steinberg-Darstellung, 54
Summe, direkte, 17
Suzuki-Gruppen, 46

T
Tensorprodukt, 18
Tetraedergruppe, binäre, 66

V
Vandermonde-Matrix, 25, 59, 132
Vermutung
  von Arad und Herzog, 154
  von Ore, 171
Verzweigungsindex, 38
Vierergruppe, 20
von Dyck-Gruppe, 22, 72
  binäre, 66

W
Wirkung
  primitive, 32, 163
  transitive, 32, 53, 134
  zweifach transitive, 54, 162

Z
Zahl, ganzalgebraische, 39
24-Zeller, 67
600-Zeller, 70

The manufacturer's authorised representative in the EU is Springer Nature Customer Service Centre GmbH, Europaplatz 3, 69115 Heidelberg, Germany. If you have any concerns regarding our products, please contact ProductSafety@springernature.com

Printed and bound by CPI Group (UK) Ltd, Croydon, CR0 4YY

26/03/2026

02078962-0001